NF文庫
ノンフィクション

復刻版 日本軍教本シリーズ

「海軍兵学校生徒心得」

潮書房光人新社編集部編

潮書房光人新社

シーマンシップの涵養
——「海軍兵学校生徒心得」を読んで

元統合幕僚長・公益財団法人水交会理事長　河野克俊

本書の「海軍兵学校生徒心得」は井上成美校長の時に編纂されたもので、時期は昭和十九年八月である。まさに終戦一年前だ。この心得は、精神教育から兵学校の編成・役割、日々の生活から学校行事、休暇、外出上の注意事項に至るまでこと細かに記述されており、まさに兵学校生徒にとっての必携のハンドブックと言えるだろう。

第三章、第二節警戒規定に戦時下での規定が見られるが、それ以外は以前から踏襲されていた内容と思われる。本書の内容を突き詰めると要はシーマンシップをいかに涵養するかに集約されていると思う。シーマンシップとは、古くは帆船時代の航海術を起源として、今日まで、長年にわたり艦船の運用を中心として培われてきた経験や知恵に基づいて、海という大自然が織りなす千変万化の多様な状況に柔軟に対応するための動作・躾である。

ここから帝国海軍の伝統と言われる「五分前の精神」「整理、整頓、清潔」「出船の精神」「誠実と礼儀」「スマートで目先が利いて几帳面、負けじ魂これぞ船乗り」「ユーモアの精神」等が導き出されるのである。

例えば「五分前の精神」は、予定された作業、日課の開始時刻の五分前までには全員が準備を整え、配置を完了するという心構えであり、その本旨は、常に一歩先のことを考え、時間的、精神的に余裕を持ってことに臨むことにある。

「出船の精神」は、艦船が港に停泊している場合、艦尾を港口に向けていれば（入船）、出港する際に方向転換しなければならず、それだけ時間がかかり即応性に欠けることになる。

すなわち人、物、組織などあらゆるものを常に直ちに使える状態にしておくという心構えが「出船の精神」である。「整理、整頓、清潔」はそれを体現するための具体的実践とも言える。

「誠実と礼儀」は一般社会でも通用することだが、私の個人的体験を述べると、一九七八年に江田島の海上自衛隊幹部候補生学校を卒業後、北米に遠洋練習航海に行った際、海上自衛隊の誕生に大きな役割を果たされたアーレー・バーク退役米海軍大将の講話を聴く機会に恵まれた。

バーク大将は海軍士官の資質で最も大切なものは「誠実さ」であると言われたことが今でも心に残っている。

「スマートで目先が利いて几帳面、負けじ魂これぞ船乗り」は、まさにシーマンシップを体現した言葉だ。スマートはもちろん「かっこよく、イケメン」ということではない。ものごとに対して先手、先手で対応する挙措、動作、スピリッツとでも言えようか。

最後に「ユーモアの精神」であるが、海軍は艦船勤務を基本に考えている。海軍兵学校の教育もそれを前提にしている。海上自衛隊でもそうだが、例えば、「掃除」も「甲板掃除」という号令で行なうことになっている。

艦船は、仕事場であると同時に生活の場でもある。例えば会社員は職場で面白くないことがあれば、帰りに一杯ひっかけてうさをはらすことはよくあると思うが、艦船ではうさをはらす場所がない。

したがって、仕事は厳しくても心が和む雰囲気は必ず必要なのだ。一つのユーモアがその場を和まし、士気を高めることはよくある。また、ユーモアを発し、それを理解するということは心に余裕がある証でもあるのだ。

海上自衛隊は、昭和二十七年に海上警備隊が海上保安庁から分離独立する形で誕生し、昭和二十九年に海上自衛隊となった。海上自衛隊発足当初から海上自衛隊は帝国海軍の後継であり、その伝統を受け継ぐ組織であることを社会に堂々と公言してきた。そこが陸上自衛隊と帝国陸軍との関係と異なるところだ。

したがって、海上自衛隊の公式行進曲と言えるものは「軍艦マーチ」であり、自衛艦を象徴する自衛艦旗は帝国海軍の軍艦旗と同じデザインである。教育訓練も帝国海軍の伝統を引き継いでいる。江田島に海上自衛隊幹部候補生学校があるが、その教育訓練のベースにあるのは海軍兵学校のものである。

今まで述べてきた帝国海軍の伝統、躾等も徹底して叩き込まれ、さらに訓練としての短艇競技、総短艇、帆走巡航、弥山登山競技、遠泳、古鷹登山等は海軍兵学校当時から行なわれてきたものであり、今も踏襲している。入校式そして卒業式は海軍兵学校当時のスタイルで実施している。卒業生は江田島湾に停泊している練習艦隊に乗り込むが、これが卒業式のクライマックスと言えるものだ。この江田島教育から遠洋練習航海という教育訓練の流れは帝国海軍からのものであり、海上自衛隊も引き継いでいる。世の中には変えてはならないものがあり、この教育訓練の流れもその一つだと考えている。

昭和七年松下元中将が海軍兵学校長の時に五省を策定した。すなわち、
「至誠に悖るなかりしか」（誠実さや真心、人の道に背くところはなかったか）
「言行に恥づるなかりしか」（発言や行動に、過ちや反省するところはなかったか）
「気力に缺くるなかりしか」（物事を成し遂げようとする精神力は、充分であったか）
「努力に憾みなかりしか」（目的を達成するために、惜しみなく努力したか）
「不精に亘るなかりしか」（怠けたり、面倒くさがったりしたことはなかったか）
である。

私は、昭和五十二年三月に防衛大学校を卒業し、江田島の海上自衛隊幹部候補生学校に入校したが、自習時間が終わると、各自習室で全員が声に出して五省を唱えることにより、一日を反省する時間を持っていた。

最後に、帝国海軍が何に価値を置いていたのかについて、私の考えを述べてみたい。

私が、海上自衛隊幹部候補生学校に在校中、各分隊の自習室の正面には三人の写真が掲げてあった。向かって左から広瀬武夫中佐、東郷平八郎元帥、佐久間勉大尉である。東郷元帥は日本海海戦を勝利に導いた不動の名提督である。広瀬中佐と佐久間大尉は帝国海軍が軍神と認めた海軍士官であるが、おそらくあまり知られていない。しかし、戦前は子供でも知っていた。

帝国海軍はなぜ彼らを軍神としたのか？　ここに我々が引き継ぐべき伝統の価値が潜んでいるので紹介したい。

先ず、広瀬中佐は慶応四年に大分県竹田に生まれた。海軍兵学校を卒業し海軍士官の道を歩んだが、その間ロシア駐在武官も務めている。日露戦争が勃発したが、海軍としては大きな問題を抱えていた。日本陸軍が中国大陸でロシア軍と激闘を演じており、日本海の制海権をロシアに奪われれば大陸にいる日本陸軍は孤立し、日本の敗北は必至である。

ロシアはいわゆるバルチック艦隊を編成し、ヨーロッパから日本に向かわせている。さらに極東地域には遼東半島の旅順に旅順艦隊がいて、それがバルチック艦隊と合流すると、日本の連合艦隊としては厳しい局面に立たされることになる。そこでバルチック艦隊が来航するまでに、旅順港口に船を沈め旅順艦隊を閉じ込めることを考えたのである。これを「旅順港閉塞作戦」という。

この作戦に指揮官の一人として広瀬中佐は参加した。閉塞船「福井丸」を指揮し、ロシアの砲弾が飛び交う中、「福井丸」に爆薬を設置し、全員カッター（小型の手漕ぎボート）に乗り移り、脱出しようとしたところ杉野孫七兵曹長の姿が見えない。そこで、広瀬中佐は「福井丸」に舞い戻り、杉野兵曹長を捜索するわけである。

その様子は、文部省唱歌「広瀬中佐」に次のように歌われている。「轟く砲声、飛び来る弾丸、荒波洗う、デッキの上に、闇を貫く、中佐の叫び、杉野は何処、杉野は居ずや」「船内隈なく、尋ねる三度、呼べど答えず、探せど見えず……」ついにあきらめた広瀬中佐はボートに乗り移り、他の部下と脱出するが、その直後直撃弾を受けて戦死する。

このように広瀬中佐は、立身出世の人ではない。「旅順港閉塞作戦」も結局は失敗だった。したがって、武功を立てた訳でもない。ではなぜ帝国海軍は広瀬中佐を軍神としたのか？　それは、「船内隈なく、尋ねる三度」、この行為を高く評価したのだ。このように命を顧みず部下を大切にする、これぞ指揮官の鑑としたのである。

一方佐久間大尉は、明治十二年、福井県三方郡に生まれている。海軍兵学校を卒業後、日露戦争に従軍した後、潜水艇の道に進んだ。明治四十三年四月十五日に佐久間艇長以下一四名乗り組みの第六号潜水艇は、山口県新湊沖で半潜航の訓練を開始した。ところがこの訓練中に事故が発生し、潜水艇は海底に沈んでしまった。深度は約一五・八メートルである。

遭難二日後の四月十七日に潜水艇は引き揚げられた。その時、遺族も遠ざけられ、ごく一部の関係者以外艇内への立ち入りを許されなかった。なぜなら、欧米においても潜水艇の沈没事故が何回か起きており、ハッチを開けると我先に逃げようとハッチに殺到する乗組員の悲惨な姿がある前例があったため、海軍側が遺族にそのような光景を見せまいとした配慮である。

ところが、ハッチを開けると、そこには誰の姿も見えず、佐久間艇長以下一四名全員がそれぞれの持ち場で息絶えていたのである。さらに日本全国いや世界に感動を呼び起こす事態が判明する。光もわずか酸素も切れかかっている中で佐久間艇長が遺書を記していたのだ。要旨次のようなものである。

「陛下の艇を沈め、部下を殺すことになったことに対する謝罪」「部下の働きへの感謝と賞賛」「この事故が潜水艇研究の発展の妨げにならないことを願う」そのため「沈没の原因」を詳細に綴った。そして最後に「部下の遺族への救済のお願い」である。

このように佐久間大尉も立身出世の人でもなければ、ある意味沈没事故の責任者である。しかし帝国海軍は広瀬中佐と同じく指揮官としての使命感と部下を思う強い気持ちを高く評価し、指揮官の鏡としたのである。

私は、この二人の海軍士官を誇りに思うし、その伝統・思いを引き継いでいかなければならないと思っている。帝国海軍がこの二人を軍神としたことは、その価値観の表われであり、海軍兵学校教育の賜物と言えるだろう。

河野克俊（かわの・かつとし）
昭和29年11月、北海道生まれ。52年3月、防衛大学校（21期・機械工学）卒業、海上自衛隊入隊（一等海曹）。53年3月、三等海尉。55年7月、二等海尉。58年7月、一等海尉。63年1月、三等海佐。平成2年3月、筑波大学国際学修士。3年7月、二等海佐。4年8月、護衛艦おおよど艦長。8年1月、一等海佐。9年8月、第一護衛隊群首席幕僚兼作戦幕僚。10年12月、海上幕僚監部防衛部防衛課防衛調整官。11年12月、第三護衛隊司令。12年6月、海上幕僚監部防衛部防衛課長。14年8月、海将補。同年12月、第三護衛隊群司令。16年3月、佐世保地方総監部幕僚長。17年7月、海上幕僚監部監理部長。18年8月、海上幕僚監部防衛部長。20年3月、掃海隊群司令。同年11月、海将。同月、護衛艦隊司令官。22年7月、統合幕僚長。23年8月、自衛艦隊司令官。24年7月、海上幕僚長。26年10月、統合幕僚長。31年4月、退官。同年7月、川崎重工業株式会社入社・顧問。

復刻版　日本軍教本シリーズ

「海軍兵学校生徒心得」――目次

復刻版　日本軍教本シリーズ

「海軍兵学校生徒心得」

本書は「海軍兵學校生徒心得」を原文と現代かなづかいに直したものを併録しています。現代かなづかい訳ではルビや言葉の意味を適宜補っています。原文では項目番号が重なる部分や誤字と思われる部分もそのままとし、一部現代漢字に改めた部分もあります。

海軍兵学校生徒心得

昭和十九年八月　海軍兵学校

海軍兵學校生徒心得本書ノ通定ム

昭和十九年八月

海軍兵學校長　井上成美

海軍兵學校教育綱領（抜粋）

第一條　海軍兵學校生徒ノ教育ハ只管聖諭ヲ奉體シ本分ヲ堅守シテ盡忠報國ノ赤誠ニ徹シタル剛健有爲ノ海軍將校ヲ養成スルヲ以テ根本トシ徳性ヲ涵養シ體力ヲ練成シ學術ヲ修得シ以テ海軍將校トシテ軍務ヲ遂行スルニ必要ナル基礎ヲ確立スルヲ本旨トス

第二條　訓育ハ生徒諸般ノ教育ノ基調ニシテ心身ヲ鍛錬シテ軍人精神ヲ涵養シ軍紀ニ慣熟シ海軍將校タルノ職責ヲ自覺シ之ニ必要ナル人格識能ヲ練成シ以テ其ノ本分ノ遂行ニ精進セシムルヲ主眼トス之ガ實施ニ當リテハ教者ハ常ニ親愛ト威重トヲ以テ臨ミ生徒ヲシテ積極堅實ナル實踐ト誠實眞摯ナル内省トニ力ヲ注ギ明朗闊達自啓自律不斷ノ修養ニ勵マシムルヲ要ス

第三條　訓育科目左ノ如シ但シ之ガ實施ハ啻ニ本科目ニ止ラズ學術教育其ノ他常住座臥處身ノ躾ニ至ル迄教者ハ絶エズ細密周到ナル注意ヲ拂ヒ環境ヲ擧ゲテ薫陶化育ニ恰適セシメ常ニ生徒ト觸接ヲ密ニシ實踐躬行之ガ指導誘掖ノ徹底に努ムルヲ要ス

一、精神教育

二、訓練
三、勤務
四、體育
第四條　學術教育ハ初級將校トシテ必要ナル學識技能ヲ修得セシメ中正圓滿ナル教養ノ基礎ヲ確立スルヲ主眼トシ之ガ實施ニ當リテハ細密周到ナル計畫懇切熱誠ナル教化ニ依リ生徒ヲシテ原理原則ヲ確實ニ理解了得セシメ自啓自發不斷研鑽ノ慣習ヲ確立シ且創造ニ志向セシムルニ努ムルヲ要ス
第五條　學術教育科目左ノ如シ但シ海軍少尉候補生教育及普通科學生教程ト相關聯シテ其ノ教程ヲ適當ニ按配スルヲ要ス
一、軍事學
運用術、航海術、砲術、水雷術、通信術、航空術、機關術、工作術、兵術、軍政、軍隊統率學、軍隊教育學
二、普通學
數學、理化學、精神科學、歷史、地理、國語漢文、外國語

【現代かなづかい訳　海軍兵學校教育綱領（抜粋）】

海軍兵学校教育綱領（抜粋）

第一條　海軍兵学校生徒の教育は只管聖諭を奉体し本分を堅守して尽忠報国（国のためにつくす）の赤誠（まごころ）に徹したる剛健有為の海軍将校を養成するを以て根本とし徳性を涵養し体力を練成し学術を修得し以て海軍将校トシテ軍務を遂行するに必要なる基礎を確立するを本旨とす

第二條　訓育は生徒諸般の教育の基調にして心身を鍛錬して軍人精神を涵養し軍紀に慣熟し海軍将校たるの職責を自覚し之に必要なる人格識能を練成し以て其の本分の遂行に精進せしむるを主眼とす之が実施に当りては教者は常に親愛と威重とを以て臨み生徒をして積極堅実なる実践と誠実真摯なる内省とに力を注ぎ明朗闊達自啓自律不断の修養に励ましむるを要す

第三條　訓育科目左の如し但し之が実施は啻に（単に）本科目に止らず学術教育其の

他常住座臥（ふだんの）処身の躾に至る迄（まで）教者は絶えず細密周到なる注意を払い環境を挙げて薫陶化育（徳をもってみちびく）に恰適せしめ常に生徒と触接を密にし実践躬行之が指導誘掖（ゆうえき）（みちびく）の徹底に努むるを要す

一、精神教育

二、訓練

三、勤務

四、體育

第四條　学術教育は初級将校として必要なる学識技能を修得せしめ中正円満なる教養の基礎を確立するを主眼とし之が実施に当りては細密周到なる計画懇切熱誠なる教化に依り生徒をして原理原則を確実に理解了得せしめ自啓自発不断研鑽の慣習を確立し且（かつ）創造に志向せしむるに努むるを要す

第五條　学術教育科目左の如し但し海軍少尉候補生教育及普通科学生教程と相関連して其の教程を適当に按配するを要す

一、軍事学

運用術、航海術、砲術、水雷術、通信術、航空術、機関術、工作術、兵術、軍政、軍隊統率学、軍隊教育学

二、普通学
数学、理化学、精神科学、歴史、地理、国語漢文、外国語

海軍兵學校生徒服務綱要

海軍兵學校生徒服務綱要ハ海軍兵學校生徒ノ遵守スベキ規矩ノ大綱ヲ示ス生徒ハ常ニ本綱要ノ主旨ヲ服膺シ以テ修養研鑚ノ基準トナスベシ

第一　綱要

皇國

大日本ハ皇國ナリ萬世一系ノ　天皇之ヲ統治シ肇國ノ皇謨ヲ紹繼シ給ヒ徳澤宇内ニ光被ス臣民亦忠孝勇武祖孫相承ケ天業ヲ翼贊シ奉リ君臣一體以テ克ク皇運ノ隆昌ヲ致ス國體ノ尊嚴ナル萬邦ニ其ノ比ヲ見ザルトコロナリ

皇軍

皇國ノ軍隊ハ　天皇統帥ノ下神武ノ精神ヲ體現シ以テ皇國ノ威徳ヲ顯揚シ皇運ノ扶翼ニ任ズ　故ニ其ノ使命ハ苟モ我ニ抗スル敵アラバ烈々タル武威ヲ振ヒ之ヲ撃碎ストト雖モ服スルハ撃タズ従フハ慈シミ恩威並ビ行ハレ遍ク　御稜威ヲ光被セシムルニアリ

海軍將校ノ本領

將校ハ海軍ノ楨幹ニシテ其ノ本分ハ　聖旨ヲ奉戴シ軍隊ヲ統率シ以テ皇軍ノ精華ヲ發揚スルニアリ故ニ居常高潔ナル德性深遠ナル識量卓越セル技能ヲ具備スルト共ニ熾烈ナル責任觀念ト鞏固ナル意志トヲ以テ其ノ職責ヲ遂行シ軍人ノ儀表タルヲ要ス

軍人精神

軍人精神ハ　聖旨ヲ奉戴スル純眞ナル忠誠心ニ基ノ軍人ノ實踐的精神ナリ是レ實ニ古來我ガ邦武人ノ砥礪セルトコロニシテ其ノ消長ハ常ニ國運ノ隆替ニ關ス而シテ將校ハ軍隊中樞ナルヲ以テ進ンデ徳ヲ修メ化ヲ宣ベ以テ衆望ノ府トナルヲ期セザルベカラズ

軍人精神旺盛ナル軍隊ハ軍紀嚴正ニシテ士氣振ヒ將兵和順シテ死ヲ見ルコト歸スルガ如ク水火モ猶辭セザルノ意氣隊内ニ横溢シアルモノトス

軍紀

軍紀ハ軍隊ノ命脈ナリ上指揮官ヨリ下一兵ニ至ルマデ脈絡一貫克ク一定ノ方針ニ從

ヒ衆心一致ノ行動ニ就カシメ得ルモノ即チ軍紀ニシテ其ノ神髄ハ皇國ノ國體ニ存ス而シテ軍紀ノ主要素ハ服従ニ在リ故ニ全軍ノ将兵ヲシテ身命ヲ君國ニ獻ゲ至誠上長ニ服従シ其ノ命令ヲ確守スルヲ以テ第二ノ天性ト成サシムルヲ要ス

生徒ノ本分

海軍兵學校生徒ハ將來海軍將校トシテ護國ノ大任ヲ負ヒ帝國海軍ノ中樞タルベキモノナリ故ニ只管聖諭ヲ奉戴シ徳性ヲ涵養シ品性ヲ陶冶シ明敏ナル智能ト強健ナル體力ノ練成ニ努メ特ニ軍人精神ヲ鍛錬シ軍紀ニ慣熟スルヲ要ス

【現代かなづかい訳　海軍兵學校生徒服務綱要　第一　綱要】

海軍兵学校生徒服務綱要

海軍兵学校生徒服務綱要は海軍兵学校生徒の遵守すべき規矩の大綱を示す生徒は常に本綱要の主旨を服膺し以て修養研鑽の基準となすべし

第一　綱要

皇国

大日本は皇国なり万世一系の　天皇之を統治し肇国の皇謨を紹継し給い徳澤宇内に光被（行きわたる）す臣民亦忠孝勇武祖孫相承け天業を翼賛（助ける）し奉り君臣一体以て克く皇運の隆昌を致す国体の尊厳なる万邦に其の比を見ざるところなり

皇軍

皇国の軍隊は　天皇統帥の下神武の精神を体現し以て皇国の威徳を顕揚し皇運の扶翼に任ず　故に其の使命は苟も我に抗する敵あらば烈々たる武威を振い之を撃砕すと雖も服するは撃たず従うは慈しみ恩威並び行われ遍く　御稜威（威光）を光被せしむるにあり

海軍将校の本領

将校は海軍の楨幹（根幹）にして其の本分は　聖旨（天皇の考え）を奉戴し軍隊を統率し以て皇軍の精華を発揚するにあり故に居常高潔なる徳性深遠なる識量卓越せる

技能を具備すると共に熾烈なる責任観念と鞏固（きょうこ）なる意志とを以て其の職責を遂行し軍人の儀表（手本）たるを要す

軍人精神

軍人精神は　聖旨を奉戴する純真なる忠誠心に基の軍人の実践的精神なり是れ実に古来我が邦武人の砥礪（しれい）（努め励む）せるところにして其の消長は常に国運の隆替大に関す而（しこう）して将校は軍隊中枢なるを以て進んで徳を修め化を宣べ以て衆望の府となるを期せざるべからず

軍人精神旺盛なる軍隊は軍紀厳正にして士気振い将兵和順して死を見ること帰するが如く水火も猶辞せざるの意氣隊内に横溢しあるものとす

軍紀

軍紀は軍隊の命脈なり上指揮官より下一兵に至るまで脈絡一貫克（よ）く一定の方針に従い衆心一致の行動に就かしめ得るもの即ち軍紀にして其の神髄は皇国の国体に存す而して軍紀の主要素は服従に在り故に全軍の将兵をして身命を君国に獻げ（たてまつり）至誠上長に服従し其の命令を確守するを以て第二の天性と成さしむるを要す

生徒の本分

海軍兵学校生徒は将来海軍将校として護国の大任を負い帝国海軍の中枢たるべきものなり故に只管(ひたすら)聖諭を奉戴し徳性を涵養し品性を陶冶し明敏なる智能と強健なる体力の練成に努め特に軍人精神を鍛錬し軍紀に慣熟するを要す

第二　修學要旨

一、海軍兵學校生徒教育ハ之ヲ訓育及學術教育ニ分ツ訓育ハ全教育ノ基調ニシテ德育ヲ主トシ學術教育ハ智育ヲ主トスト雖モ兩者ハ眞ニ不可分ノ關係ニアリ故ニ生徒ハ常ニ訓學一體ノ理ヲ體シ訓育ニ學術教育ニ心力ヲ傾注シ以テ純忠ノ大義ニ徹シ皇國ノ地位ト皇軍ノ使命トヲ辨ヘ難局ニ當リ不屈不撓斃レテ尚ホ已マザルノ旺盛ナル氣力ト卓越セル識量トノ涵養ニ努ムルヲ要ス

二、教育トハ修養及學習ヲ指導スルノ謂ニ外ナラズ故ニ生徒ニシテ旺盛ナル積極進取ノ自發心ヲ有セザル限リ教育ノ成果ハ得テ望ムベカラズ特ニ生徒ハ上命ニヨ

リ修學スルモノナルヲ以テ全力ヲ盡シテ其ノ本分ニ邁進シ苟モ倦怠ノ念生ズル毎ニ顧ミテ自制興起スルノ氣概ナカルベカラズ而シテ修養ト學習トニ志スモノハ先ヅ心神ノ安祥暢達ヲ圖ルヲ要ス徒ニ憂慚跼蹐シ又ハ濫ニ慷慨激越スルガ如キハ心境ノ學道ニ適セザルモノニシテ慚愧セザルベカラズ

三、凡ソ積極進取ノ實踐ト誠實眞摯ナル内省トハ共ニ修學ノ要道タリ故ニ生徒ハ常住坐臥其ノ脚下ヲ照顧シ將來ヲ思ヒ苟モ其ノ志ニ違ハザランコトヲ期スルヲ要ス

四、將校ノ勤務ハ極メテ繁忙ニシテ研究ノ爲特ニ時間ヲ得ラレザルヲ例トス故ニ零碎ナル閑暇ヲ利用シ以テ研鑽ノ成果ヲ集積スルト共ニ周到ナル注意ニヨリ日常ノ作業ヲ觀察シ自啓自發以テ其ノ識見ノ向上ニ努ムルヲ要ス斯クノ如キ實ニ活世間ニ於ケル活學問ニシテ特ニ將校生徒ノ着意スベキトコロナリトス

本校ニ於ケル圖書館參考館ハ生徒ノ自修ニ適セシムルタメ設備セラレアリ故ニ生徒ハ之ガ利用ニ努ムルハ勿論機會アル毎ニ或ハ附屬練習艦航空機等ヲ見學シ或ハ有志巡航ニ於テ舟艇ノ操縦ヲ演練スル等自發的研究ノ氣風ヲ熾ニシ苟モ偷安ノ風ヲ馴致セザルヲ要ス

【現代かなづかい訳　海軍兵學校生徒服務綱要　第二　修学要旨】

第二　修学要旨

一、海軍兵学校生徒教育は之を訓育及学術教育に分つ訓育は全教育の基調にして徳育を主とし学術教育は智育を主とすと雖(いえど)も両者は真に不可分の関係にあり故に生徒は常に訓学一体の理を体し訓育に学術教育に心力を傾注し以て純忠の大義に徹し皇国の地位と皇軍の使命とを辨(わきま)え難局に当リ不屈不撓斃れて尚お已まざるの旺盛なる気力と卓越せる識量との涵養に努むるを要す

二、教育とは修養及学習を指導するの謂に外ならず故に生徒にして旺盛なる積極進取の自発心を有せざる限り教育の成果は得て望むべからず特に生徒は上命により修学するものなるを以て全力を尽して其の本分に邁進し苟(いやしく)も倦怠の念生ずる毎に顧みて自制興起するの気概なかるべからず而(しこう)して修養と学習とに志すものは先ず心神の安祥暢達を図るを要す徒に憂慚跼蹐し又は濫(みだり)に慷慨激越するが如きは心境の学道に適せざるものにして慚愧せざるべからず

三、凡（およ）そ積極進取の実践と誠実真摯なる内省とは共に修学の要道たり故に生徒は常住坐臥其の脚下を照顧（反省）し将来を思い苟も其の志に違わざらんことを期するを要す

四、将校の勤務は極めて繁忙にして研究の為特に時間を得られざるを例とす故に零砕（わずか）なる閑暇を利用し以て研鑽の成果を集積すると共に周到なる注意により日常の作業を観察し自啓自発以て其の識見の向上に努むるを要す斯くの如き実に活世間に於ける活学問にして特に将校生徒の着意すべきところなりとす

本校に於ける図書館参考館は生徒の自修に適せしむるため設備せられあり故に生徒は之が利用に努むるは勿論機会ある毎に或は附属練習艦航空機等を見学し或は有志巡航に於て舟艇の操縦を演練する等自発的研究の気風を熾（さかん）にし苟も偸安（とうあん）の風を馴致せざるを要す

第三　生徒生活

一、本校ハ起居ノ間教官監事指導ノ下軍人精神ヲ涵養シ軍紀ニ慣熟シ以テ高潔ナル品性ト健全ナル志操トヲ養成スル武士的家庭ナリ故ニ生徒ハ居常各規準スルトコロヲ辨ヘ之ヲ勵行シ切磋砥礪輕佻浮薄ノ風ヲ戒メ嚴肅端正克ク威容ヲ保持シ終ニ習慣性ヲ成シ以テ軍人的性格ノ創造ニ努ムルヲ要ス

二、本校生活ニハ幾多光輝アル傳統存ス之ヲ尊重シ之ヲ洗練スル生徒ノ本分ノ一ナルノミナラズ軍隊ノ氣風ニ習熟スル所以ニシテ實ニ軍人精神體得ノ契機ナリ故ニ生徒ハ速カニ校風ニ薫染スルト共ニ其ノ生活ニ慣熟シ更ニ進ミテ一段ノ光輝ヲ加フルノ矜持アルヲ要ス

【現代かなづかい訳　海軍兵學校生徒服務綱要　第三　生徒生活】

第三　生徒生活

一、本校は起居の間教官監事指導の下軍人精神を涵養し軍紀に慣熟し以て高潔なる品性と健全なる志操とを養成する武士的家庭なり故に生徒は居常各規準するところを辨(わきま)え之を励行し切磋砥礪(せっさしれい)輕佻浮薄(けいちょうふはく)（考えがあさい）の風を戒め嚴肅端正

克く威容を保持し終に習慣性を成し以て軍人的性格の創造に努むるを要す

二、本校生活には幾多光輝ある伝統存す之を尊重し之を洗練する生徒の本分の一なるのみならず軍隊の気風に習熟する所以にして実に軍人精神体得の契機なり故に生徒は速かに校風に薫染すると共に其の生活に慣熟し更に進みて一段の光輝を加うるの矜持あるを要す

第四　精神教育

一、精神教育ハ生徒ヲシテ將校タルノ本分自覺シ之ガ使命遂行ノ基礎タラシメントスルモノニシテ實ニ生徒教育ノ根源ナリ故ニ生徒ハ深ク精神教育ノ重要性ヲ認識シ勅諭ヲ奉戴シ訓示訓諭ヲ嚴守反省ヲ怠ラザルハ勿論其ノ他萬般ノ諸作業ニ於テ之ガ完全ナル體得ニ努ムベキモノトス

二、勅語ハ　至尊ガ親シク臣民ノタメニ宏大ナル皇謨ヲ示教セラルルモノニシテ特ニ軍人ニ賜リタル勅諭ハ軍人精神ノ根源ト軍紀ノ大本トヲ教諭セラレタル軍人ノ經典ナリ故ニ生徒ハ毎ニ心身ヲ潔齋シテ之ヲ奉讀シ　聖旨ノ存スルトコロヲ

奉體シ以テ聖明ニ對ヘ奉ラザルベカラズ

三、敬神崇祖ハ我ガ肇國ノ本義ニ因由ス故ニ生徒ハ機會アル毎ニ神社佛閣ニ參拜シ反本報始ヲ怠ラズ至誠純忠ノ誓ヲ深メ以テ高潔ナル人格涵養ノタラシムベキモノトス

四、訓諭及講話ハ機ニ臨ミ折ニフレ教示セラルルモノニシテ多クハ貴重ナル體驗ヲ基礎トシ又ハ眞摯ナル研究ノ精髓ヲ披瀝スルモノナルヲ以テ克ク其ノ精神ヲ把持シ自己ノ修養研鑽ヲ補益スルニ努ムルヲ要ス

五、上官ノ訓戒ハ譬ヘバ疾病ニ對スル藥餌ノ如シ言々句々含蓄皆當面反省ヲスベキ方劑ナルヲ以テ切ニ之ヲ玩味シ速カニ舊見ヲ改メ我執ヲ去リ虚心坦懷以テ訓戒ノ精神ニ服スベキモノトス

六、清廉ニシテ財物ニ煩瑣セラレズ廉恥ヲ尊ビ身ヲ持スルニ嚴正ナル古來武人ノ特色トスルトコロナリ故ニ生徒ハ行ヒテ俯仰天地ニ愧ヂズ漫ニ贈遺ヲ爲シ若ハ金品ヲ貸借スル等ノコトナキヲ要ス

【現代かなづかい訳　海軍兵學校生徒服務綱要　第四　精神教育】

第四　精神教育

一、精神教育は生徒をして将校たるの本分自覚し之が使命遂行の基礎たらしめんとするものにして実に生徒教育の根源なり故に生徒は深く精神教育の重要性を認識し勅諭を奉戴し訓示訓諭を厳守反省を怠らざるは勿論其の他万般の諸作業に於て之が完全なる体得に努むべきものとす

二、勅語は　至尊が親しく臣民のために宏大なる皇謨（こうぼ）を示教せらるるものにして特に軍人に賜りたる勅諭は軍人精神の根源と軍紀の大本とを教諭せられたる軍人の経典なり故に生徒は毎に心身を潔斎（けっさい）して之を奉読し　聖旨の存するところを奉体し以て聖明に対（こた）え奉らざるべからず

三、敬神崇祖は我が肇国の本義に因由す故に生徒は機会ある毎に神社仏閣に参拝し反本報始を怠らず至誠純忠の誓を深め以て高潔なる人格涵養のたらしむべきものとす

四、訓諭及講話は機に臨み折にふれ教示せらるるものにして多くは貴重なる体験を基礎とし又は真摯なる研究の精髄を披瀝するものなるを以て克く其の精神を把持し自己の修養研鑽を補益するに努むるを要す

五、上官の訓戒は譬えば疾病に対する薬餌の如し言々句々含蓄皆当面反省をすべき方剤なるを以て切に之を玩味し速かに旧見を改め我執を去り虚心怛懐以て訓戒の精神に服すべきものとす

六、清廉にして財物に煩瑣せられず廉恥を尊び身を持するに厳正なる古来武人の特色とするところなり故に生徒は行いて俯仰天地に愧じず漫に贈遺を為し若は金品を貸借する等のことなきを要す

第五　學術教育

一、凡ソ學術教育ハ正確ナル知識技能ノ修得ト至純ナル情意ノ育成トヲ主眼トス故ニ課目ノ何タルヲ論ゼズ孰レモ人格陶冶ノ基礎ヲ構築スルヲ以テ本來ノ使命トス徒ニ卑近ナル才智ヲ賦與セントスルモノニ非ズサレバ生徒常ニ視聽ヲ専ラニ

シ言外ノ含蓄ヲモ逸スルコトナク學ブトコロ必ズ一定ノ確信ニ到達スルヲ要ス

二、自習ハ單ニ教授事項ヲ反覆スルヲ以テ滿足スベカラズ新ニ受ケタル智識ヲ咀嚼玩味シテ之ヲ舊觀念ト融合調和セシメ以テ新智識ニ生氣アラシムルト共ニ練習ト應用トニヨリテ思考ヲ練磨シ記憶ヲ鞏固ニシ發表ヲ正確ナラシムルノ着意ナカルベカラズ而シテソノ能率如何ハ注意ノ集中ト持續トニヨリ支配セラルルコト多キヲ以テ生徒ハ先ヅ努メテ散漫不定ナル心ヲ收メ機ニ應ジ全精神ヲ一點ニ集中シ且之ヲ持續シ得ル如ク修養スルヲ要ス

三、軍事學ノ研鑽ハ軍人ガ其ノ天職ヲ遂行スル爲必須不可缺ノモノナルヲ以テ心血ヲ瀝ギテ其ノ體得ヲ期セザルベカラズ而シテ軍隊ノ統率艦艇航空機ノ運用及兵器使用等ニ關スル技能ハ海空陸ニ於ケル經驗ト相俟ツベキモノナルガ故ニ其ノ修得ハ單ナル智力ノミノ能クスベカラザルトコロニシテ德操氣力體力ノ補益ニ俟ツヲ要スルモノ頗ル多ク更ニ其ノ應用實施ニ到リテハ全ク人格ノ流露ニ外ナラザルモノトス故ニ生徒ハ先ヅ軍事學ノ學修ガ其ノ人格ノ陶冶ト不可分ナル所以ヲ深ク省察スルヲ要ス

四、乘艦實習及航空實習ハ生徒ヲシテ現實ノ軍隊勤務ヲ實習セシメ分科ニ流レ抽象ニ偏セル學術教育ノ缺ヲ補フト共ニ理論ノ綜合ト應用トニ慣熟シ且將來ノ研鑽

ニ對スル興味ヲ喚起スルヲ以テ其ノ目的トス而シテ此ノ期間ハ又實ニ將來ノ部下タルベキ下士官兵ノ勤務ヲ體験シ得ル唯一ノ時機ナルヲ以テ生徒ハ進ミテ各部ノ勤務ニ努力シ軍隊構成原理ノ習得ト指揮統率理法ノ體得トニ努ムルヲ要ス

五、普通學ハ軍事學研鑽ノ前提タルノミナラズ將來ノ教養トシテ必須不可缺ノモノナリトス故ニ生徒ハ常ニ向學心ヲ振起シ原理原則ヲ確實ニ理解スルト共ニ進ンデ不斷研鑽ノ慣習ヲ樹立シ以テ軍事學學習ノ根基ヲ培ヒ又將來ニ於ケル研究ト修養トノ素地ヲ形成スルニ努ムベキモノトス

六、考査ハ生徒ノ日常修練狀況及學力程度ヲ檢スルヲ主目的トス抑モ學問、不斷ノ行的修練ニヨリ其ノ實効ヲ擧グルモノニシテ考査直前ニ於ケル暗記的上辷リノ勉學ニヨリ良果ヲ收ムト雖モ斯クノ如キハ其ノ價値極メテ尠ク且又學業ニ熟達スル所以ニ非ズ故ニ生徒ハ學習ニ當リテ考査實施ノ如何ニ拘ラズ平素ノ修練ニ全力ヲ傾注シ以テ實力ノ涵養ニ努ムルコト肝要ナリ

【現代かなづかい訳　海軍兵學校生徒服務綱要　第五　學術教育】

第五　学術教育

一、凡そ学術教育は正確なる知識技能の修得と至純なる情意の育成とを主眼とす故ニ課目の何たるを論ぜず孰れも人格陶冶の基礎を構築するを以て本來の使命とす徒に卑近なる才智を賦与せんとするものに非ずされば生徒常に視聴を専らにし言外の含蓄をも逸することなく学ぶところ必ず一定の確信に到達するを要す

二、自習は単に教授事項を反覆するを以て満足すべからず新に受けたる智識を咀嚼玩味して之を旧観念と融合調和せしめ以て新智識に生気あらしむると共に練習と応用とによりて思考を練磨し記憶を鞏固にし発表を正確ならしむるの着意なかるべからず而してその能率如何は注意の集中と持続とにより支配せらるること多きを以て生徒は先ず努めて散漫不定なる心を収め機に応じ全精神を一点に集中し且之を持続し得る如く修養するを要す

三、軍事学の研鑽は軍人が其の天職を遂行する為必須不可欠のものなるを以て心血を濺ぎて其の体得を期せざるべからず而して軍隊の統率艦艇航空機の運用及兵器使用等に関する技能は海空陸に於ける経験と相俟つべきものなるが故に其の修得は単なる智力のみの能くすべからざるところにして徳操気力体力の補益に俟つを要するもの頗る多く更に其の応用実施に到りては全く人格の流露に外な

らざるものとす故に生徒は先ず軍事学の学修が其の人格の陶冶と不可分なる所以を深く省察するを要す

四、乗艦実習及航空実習は生徒をして現実の軍隊勤務を実習せしめ分科に流れ抽象に偏せる学術教育の欠を補うと共に理論の綜合と応用とに慣熟し且将来の研鑽に対する興味を喚起するを以て其の目的とす而して此の期間は又実に将来の部下たるべき下士官兵の勤務を体験し得る唯一の時機なるを以て生徒は進みて各部の勤務に努力し軍隊構成原理の習得と指揮統率理法の体得とに努むるを要す

五、普通学は軍事学研鑽の前提たるのみならず将来の教養として必須不可欠のものなりとす故に生徒は常に向学心を振起し原理原則を確実に理解すると共に進んで不断研鑽の慣習を樹立し以て軍事学学習の根基を培い又将来に於ける研究と修養との素地を形成するに努むべきものとす

六、考査は生徒の日常修練状況及学力程度を検するを主目的とす抑も学問、不断の行的修練により其の実効を挙ぐるものにして考査直前に於ける暗記的上辷りの勉学により良果を収むと雖（いえど）も斯くの如きは其の価値極めて尠（すくな）く且又学業に熟達する所以に非ず故に生徒は学習に当りて考査実施の如何に拘らず平素の修練に全力を傾注し以て実力の涵養に努むること肝要なり

第六　訓練

教練及作業ハ戰闘ノ要求ニ適スル如ク各種ノ作業ニ練熟セシムルヲ以テ目的トス而シテ帝國海軍ニ在リテ之ガ實施ニ際シ嚴守スベキ標語ヲ確實迅速及靜肅ノ三トシテ規定ス故ニ生徒ハ先ヅ此ノ精神ヲ服膺スルト共ニ更ニ大局ニ着眼シテ教練演習作業ノ指導ニ關スル識見ノ養成ニ努ムルヲ要ス

【現代かなづかい訳　海軍兵學校生徒服務綱要　第六　訓練】

第六　訓練

教練及作業は戦闘の要求に適する如く各種の作業に練熟せしむるを以て目的とす而して帝国海軍に在りて之が実施に際し厳守すべき標語を確実迅速及静粛の三として規定す故に生徒は先ず此の精神を服膺すると共に更に大局に着眼して教練演習作業の指

導に関する識見の養成に努むるを要す

第七　勤務

一、生徒ノ勤務居常ノ間軍紀ニ慣熟シ軍人精神ヲ鍛錬シ指揮統率勤務服從ノ要諦ヲ體得シ責任ヲ重ンズルノ習性ヲ涵養スルヲ以テ旨トシ躾教育ヲ重視ス故ニ起居各其ノ規準スル所以ヲ辨ヘ常ニ輕佻楽懦ヲ戒メ苟モ粗野放縱ニ流ルルコトナク質實剛健清廉潔白ヲ以テ風ト爲シ本校生徒ノ特色ヲ發揮スルヲ要ス

二、生徒隊ハ生徒隊監事ヲ中心トシ各部監事分隊監事及分隊員ヲ打テ一丸トスル訓育實施ノ綜合單位ニシテ又生徒ノ自律ヲ基調トスル起居修練ノ道場ナリ故ニ生徒ハ之ニ據リテ切磋砥礪ノ効ヲ致シ益本校ノ傳統精神ヲ發揚スルノ氣概ナカルベカラズ

三、分隊ハ訓育實施ノ基本單位ニシテ同時ニ喜戚ヲ共ニスル家庭タリ分隊監事ヲ父トシ分隊伍長並ニ上級生徒ヲ兄トシ相敬シ相親ミ上下融合善良ナル氣風ヲ釀成シ之ニ習熟シ又躬ラ軍人的性格ヲ創造シ軍人精神體得ノ契機タラシムルヲ要ス

四、上級生徒ハ下級生徒ノ模範タルベキモノナリ故ニ實踐躬行以テ下級生徒ヲシテ其ノ適從スルトコロヲ知ラシメ友誼ヲ盡シテ懇切ニ之ヲ誘掖スルト共ニ自身亦學習途上ニアルヲ銘記スベキモノト下級生徒ハ誠意上級生徒ヲ信頼シ其ノ誘導ニ遵ヒ清新撥剌上下相携ヘテ明朗剛健ナル校風ノ振起ニ勉ムベキモノトス同級生徒ハ同志共學ノ戰友ナリ故ニ腹心ヲ開キテ切磋琢磨シ親睦ヲ厚クシ益其ノ團結ヲ鞏固ナラシムルヲ要ス

五、凡ソ海軍ニ勤務スル者ハ注意周到ニシテ機ニ應ズルコト敏ナルヲ要スサレバ海軍將校ノ態度ハ機敏ニシテ輕躁ナラズ活撥ニシテ氣品高ク如何ナル場合ニ在リテモ周章度ヲ失スルガ如キコトアルベカラズ故ニ生徒ハ斯クノ如キ態度ノ修養ニ努ムルト共ニ沈着確實ニシテ且敏速ナル動作ニ熟練スルヲ要ス

六、將校ノ言語文章ハ簡潔ニシテ克ク意ヲ盡シ精確ニシテ誤謬ナキト共ニ明快莊重ニシテ且禮儀ニ缺クルコトアルベカラザルモノトス故ニ生徒ハ努メテ此ノ要領ヲ會得シ曖昧ナル言辭ト蕪雜ナル字句トヲ使用スル習癖ヲ脱スルヲ要ス

七、軍人ノ敬禮ハ對者ノ職分尊重ヨリ發スル景慕愛撫ノ表明ナリ故ニ之ヲ行フニ當リテハ必ズ先ヅ敬愛ノ念衷心ニ充溢スルト共ニ其ノ動作亦端正嚴肅ナルヲ要ス

八、服裝ト容儀トハ心性ノ顯現ナルト共ニ又之ヲ規正スベキ手段ナルノミナラズ職

務ノ權威ヲ表徴スルモノナルヲ以テ生徒ハ其ノ裝着ニ注意シ容儀ヲ齊整シ且心性ニ於テ服裝ニ辜負スルナキヲ期スベシ

九、嗜慾ヲ制シ厚衣ヲ避ケ自ラ奉スルコト菲薄ナルモノハ困苦缺乏ニ耐フルト共ニ進ミテ各種ノ誘惑ヲ排除シ得ルニ至ルモノトス故ニ生徒ハ冷寒ノ候ト雖モ力メテ薄衣ニ慣レ且間食ヲ愼ミ巡航ニ幕營ニ好ミテ簡素ナル生活ニ習熟スルノ覺悟ナカルベカラズ

一〇、分隊點檢ハ生徒隊ノ軍容及生徒ノ服裝容儀ヲ檢スルタメニ之ヲ行ヒ點檢中簡單ナル諮問ヲ課スルヲ例トス定時點檢ハ分隊點檢ニ於テ課スル諸項ヲ檢スルノ外特ニ生徒ノ教育ヲ實施スル爲之ヲ行ヒ又被服銃器短艇及生徒館點檢ハ整頓保存及整備ノ狀況ヲ檢スルタメ施行スルモノニシテ孰レモ生徒隊ノ軍紀風紀ノ弛張教育訓練ノ精粗諸般ノ整備等ヲ視閲檢査スルヲ目的トス故ニ生徒ハ點檢ニ當リテハ最善ヲ盡シテ如何ナル査閲ニモ即應シ得ル用意アルト共ニ不斷ノ準備ニ萬全ヲ期スベキモノトス

一一、日々ノ作業ニ於テ一日ハ一日ヨリモ敬誠ニ一刻ハ一刻ヨリモ充實セムコトヲ期スルハ修養ニ於ケル要諦ナリ故ニ生徒ハ日課及作業ノ施行ニ於テ斷エズ此ノ態度ヲ持續シ當面ノ任務ニ全力ヲ盡スト共ニ將來ニ對スル明淨ナル希望ニ充溢

シ常ニ欣然トシテ勤務スルヲ要ス

一二、室内ノ清浄ト器物ノ整頓トハ心意ノ規正ニ重大ナル關係ヲ有ス故ニ器具物品ハ各火急ノ使用ニ適スル如ク完備シテ定所ニ配置スルト共ニ室内ハ常ニ一糸紊レザル如ク整頓シアルヲ要ス

【現代かなづかい訳　海軍兵學校生徒服務綱要　第七　勤務】

第七　勤務

一、生徒の勤務居常の間軍紀に慣熟し軍人精神を鍛錬し指揮統率勤務服従の要諦を体得し責任を重んずるの習性を涵養するを以て旨とし躾教育を重視す故に起居各其の規準する所以を辨(わきま)え常に輕佻楽懦を戒め苟(いやしく)も粗野放縦に流るることなく質実剛健清廉潔白を以て風と為し本校生徒の特色を発揮するを要す

二、生徒隊は生徒隊監事を中心とし各部監事分隊監事及分隊員を打て一丸とする訓育実施の綜合単位にして又生徒の自律を基調とする起居修練の道場なり故に生徒は之に拠りて切磋砥礪の効を致し益本校の伝統精神を発揚するの気概なかる

べからず

三、分隊は訓育実施の基本単位にして同時に喜戚を共にする家庭たり分隊監事を父とし分隊伍長並に上級生徒を兄とし相敬し相親み上下融合善良なる気風を醸成し之に習熟し又躬ら軍人的性格を創造し軍人精神体得の契機たらしむるを要す

四、上級生徒は下級生徒の模範たるべきものなり故に実践躬行以て下級生徒をして其の適従するところを知らしめ友誼を尽して懇切に之を誘掖すると共に自身亦学習途上にあるを銘記すべきものと下級生徒は誠意上級生徒を信頼し其の誘導に遵い清新撥剌上下相携えて明朗剛健なる校風の振起に勉むべきものとす同級生徒は同志共学の戦友なり故に腹心を開きて切磋琢磨し親睦を厚くし益其の団結を鞏固ならしむるを要す

五、凡そ海軍に勤務する者は注意周到にして機に応ずること敏なるを要すされば海軍将校の態度は機敏にして軽躁ならず活発にして気品高く如何なる場合に在りても周章度を失するが如きことあるべからず故に生徒は斯くの如き態度の修養に努むると共に沈着確実にして且敏速なる動作に熟練するを要す

六、将校の言語文章は簡潔にして克く意を尽し精確にして誤謬なきと共に明快荘重にして且礼儀に欠くることあるべからざるものとす故に生徒は努めて此の要領

を会得し曖昧なる言辞と蕪雑なる字句とを使用する習癖を脱するを要す

七、軍人の敬礼は対者の職分尊重より発する景慕愛撫の表明なり故に之を行うに当りては必ず先ず敬愛の念衷心に充溢すると共に其の動作亦端正厳粛なるを要す

八、服装と容儀とは心性の顕現なると共に又之を規正すべき手段なるのみならず職務の権威を表徴するものなるを以て生徒は其の装着に注意し容儀を齊整し且心性に於て服装に辜負（そむく）するなきを期すべし

九、嗜慾を制し厚衣を避け自ら奉すること菲薄なるものは困苦欠乏に耐うると共に進みて各種の誘惑を排除し得るに至るものとす故に生徒は冷寒の候と雖も力めて薄衣に慣れ且間食を慎み巡航に幕営に好みて簡素なる生活に習熟するの覚悟なかるべからず

一〇、分隊点検は生徒隊の軍容及生徒の服装容儀を検するために之を行い点検中簡単なる諮問を課するを例とす定時点検は分隊点検に於て課する諸項を検するの外特に生徒の教育を実施する為之を行い又被服銃器短艇及生徒館点検は整頓保存及整備の状況を検するため施行するものにして孰れも生徒隊の軍紀風紀の弛張教育訓練の精粗諸般の整備等を視閲検査するを目的とす故に生徒は点検に当りては最善を尽して如何なる査閲にも即応し得る用意あると共に不断の準備に

万全を期すべきものとす

一一、日々の作業に於て一日は一日よりも敬誠に一刻は一刻よりも充実せむことを期するは修養に於ける要諦なり故に生徒は日課及作業の施行に於て断えず此の態度を持続し当面の任務に全力を尽すと共に将来に対する明浄なる希望に充溢し常に欣然として勤務するを要す

一二、室内の清浄と器物の整頓とは心意の規正に重大なる関係を有す故に器具物品は各火急の使用に適する如く完備して定所に配置すると共に室内は常に一糸紊（みだ）れざる如く整頓しあるを要す

第八　體育

一、體育ノ目的、強健ナル身體ト不撓ノ氣力トヲ養ヒ以テ國家ノ干城タルニ適スル資質ヲ賦與セムトスルニ在リ而シテ體操ハ全身ノ均整ナル發達ヲ圖リ筋骨ノ強健ヲ期シテ之ヲ行ヒ武道ハ膽力ヲ練リ攻擊精神ヲ旺盛ナラシムルタメニ之ヲ課シ又體技ハ作動ノ敏活ヲ圖ルト共ニ持久力ヲ養ヒ元氣ヲ清新ナラシムルヲ目的

トシテ課セラル故ニ生徒ハ武技體技ノ一方ニ偏スルコトナク是等ヲ普遍的ニ勵行シ將校トシテ必要ナル旺盛ナル氣力體力ノ涵養ニ努ムルヲ要ス

二、衞生保健ノ要訣ハ體力氣力ノ鍛錬ニ依リ疾病傷痍ヲ未然ニ防止スルト共ニ起居攝生ヲ重ンズルニアリ之ガ爲生徒ハ爲シ得ル限リ體育ニ努ムルト共ニ一旦身體ニ故障ヲ生ジタルモノハ速カニ受診シテ病勢ヲ最小限度ニ極限スルノ思慮アルヲ要ス

三、體育諸競技ハ技術ノ進歩ヲ促シ必勝ノ信念ヲ體得スルヲ以テ其ノ目的トス故ニ生徒ハ旺盛ナル攻撃精神ヲ以テ之ニ臨ムト共ニ他方徒ニ勝負ノ數ニ拘泥スルコトナク恆ニ公正ヲ以テ旨トシ己ニ勝ル者ニ對シテハ反ッテ諸ヲ己ニ求ムルノ意氣アルヲ要ス

【現代かなづかい訳　海軍兵學校生徒服務綱要　第八　體育】

第八　体育

一、体育の目的、強健なる身体と不撓の気力とを養い以て国家の干城たるに適する

資質を賦與せむとするに在り而(しこう)して体操は全身の均整なる発達を図り筋骨の強健を期して之を行い武道は胆力を練り攻撃精神を旺盛ならしむるために之を課し又体技は作動の敏活を図ると共に持久力を養い元気を清新ならしむるを目的として課せらる故に生徒は武技体技の一方に偏することなく是等を普遍的に励行し将校として必要なる旺盛なる気力体力の涵養に努むるを要す

二、衛生保健の要訣は体力気力の鍛錬に依り疾病傷痍を未然に防止すると共に起居摂生を重んずるにあり之が為生徒は為し得る限り体育に努むると共に一旦身体に故障を生じたるものは速かに受診して病勢を最小限度に極限するの思慮あるを要す

三、体育諸競技は技術の進歩を促し必勝の信念を体得するを以て其の目的とす故に生徒は旺盛なる攻撃精神を以て之に臨むと共に他方徒(いたずら)に勝負の数に拘泥することなく恒に公正を以て旨とし己に勝る者に対しては反って諸を己に求むるの意氣あるを要す

（参考）

海軍兵學校教育ノ體系摘要

一、生徒教育一般

イ　根本

聖諭ヲ奉體シ
本分ヲ堅守
盡忠報國ノ赤誠ニ透
徹シタル剛健有爲ノ
｝海軍將校養成

ロ　本旨

（訓育）
（學術）
｛
德性ヲ涵養シ
體力ヲ練成シ
學術ヲ修得シ
｝海軍將校トシテ軍務遂行ニ必要ナル基礎ノ確立

二、訓育（全教育ノ基調）ノ主眼

イ　心身ヲ鍛錬シ
ロ　軍人精神ヲ涵養シ
ハ　軍紀ニ慣熟シ
ニ　職責ヲ自覺シ
ホ　人格識能ヲ錬成シ
ヘ　本務遂行ニ精進

之ガ達成ノ爲生徒ハ

イ　積極堅實ナル實踐
ロ　誠實眞摯ナル内省

明朗
闊達
自啓
自律
不斷ノ修養

三、學術教育ノ主眼

イ　初級海軍將校トシテ必要ナル學術技能ノ修得
ロ　中正圓滿ナル教養ノ基礎確立

之ガ達成ノ爲生徒ハ

イ　原理原則ノ確實ナル理解了得
ロ　自啓自發不斷研鑽ノ慣習確立
ハ　工夫創造

【現代かなづかい訳　海軍兵學校教育ノ體系摘要】

一、生徒教育一般

イ　根本

聖諭を奉体し
本分を堅守
尽忠報国の赤誠に透
徹したる剛健有為の　｝海軍将校養成

ロ　本旨

（訓育）｛徳性を涵養し
体力を練成し
（學術）　学術を修得し｝海軍将校として軍務遂行に必要なる基礎の確立

二、訓育（全教育の基調）の主眼

イ　心身を鍛錬し
ロ　軍人精神を涵養し
ハ　軍紀に慣熟し
ニ　職責を自覚し
ホ　人格識能を錬成し
ヘ　本務遂行に精進

之が達成の為生徒は

イ　積極堅実なる実践
ロ　誠実真摯なる内省

明朗
闊達
自啓
自律
不断の修養

三、学術教育の主眼
イ　初級海軍将校として必要なる学術技能の修得
ロ　中正円満なる教養の基礎確立

之が達成の為生徒は

イ　原理原則の確実なる理解了得
ロ　自啓自発不断研鑽の慣習確立
ハ　工夫創造

海軍兵學校ノ編制

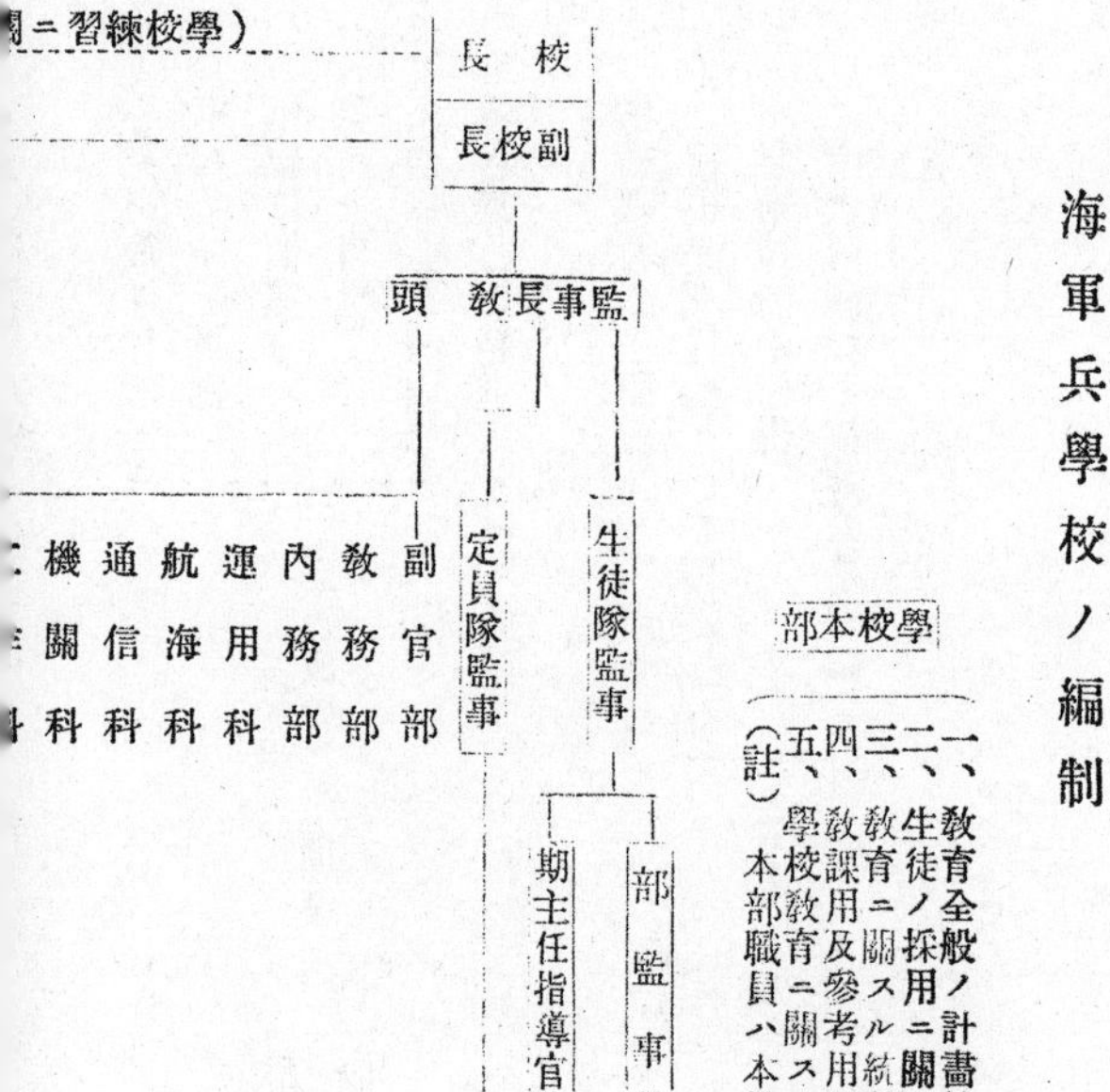

學校本部

一、教育全般ノ計畫統制
二、生徒ノ採用ニ關スル諸要務
三、教育ニ關スル統計ノ作製整理
四、教課用及參考用圖書ノ編纂　等
五、學校教育ニ關スル研究

（註）本部職員ハ本校職員總テ之ヲ兼務ス

指シ揮ス（

飛行科
水雷科
砲術科
統率科
數學科
物理科
力學科
化學科
外國語科
體育科
醫務科
主計科

大原
岩國　分校

監事長
- 生徒隊
- 定員隊

教頭
- 各科

吳練習戰隊

第一章　生徒隊隊務及内務

第一節　當直監事

第一條　生徒隊配屬ノ監事毎日交番生徒館ニ在リテ當直勤務ニ服ス之ヲ當直監事ト稱ス

當直監事ヲ生徒隊當直監事生徒隊副直監事及部當直監事ニ別チ生徒隊當直監事及生徒隊副直監事ハ西生徒館當直監事室ニ、部當直監事ハ各部監事室ニ在リテ當直勤務ニ服ス

生徒隊當直監事ハ生徒隊監事ノ命ヲ承ケ服務シ左ノ事項ヲ掌ル

一、教官監事ノ直接指揮監督セル場合ノ外生徒ヲ指揮監督ス

二、生徒日課ノ施行ヲ監督ス

三、生徒館（直接附属ノ建造物ヲ含ム）生徒用短艇及「ダビット」剣道場、柔道場ノ保安ニ任ズ

四、信號書保管庫暗號書保管庫ノ格納、教室入口ノ鍵ノ保管ニ任ズ

五、生徒館當直下士官兵ノ勤務ヲ監督ス

第二條　生徒隊副直監事ハ生徒隊當直監事ノ命ヲ承ケ之ヲ補佐ス
第三條　部當直監事ハ生徒隊當直監事ノ命ヲ承ケ服務シ左ノ事項ヲ掌ル
一、教官監事ノ直接指揮監督セル場合ノ外部生徒ヲ指揮監督ス
二、生徒日常勤務ノ指導ニ任ジ日課施行ヲ監督ス
三、部所屬ノ生徒館、生徒用短艇及「タビット」ノ保安ニ任ズ
四、生徒宛郵便物ヲ處理ス
五、生徒不時ノ出來事ニ關シ急ヲ要スルモノハ適宜處理スルト共ニ生徒隊監事、生徒隊當直監事、當直軍醫科士官及關係監事ニ報告通報ス
六、部所屬ノ生徒館當直下士官、兵ノ勤務ヲ監督ス
部當直監事ハ室内點檢、巡檢、外出（歸校）點檢ヲ行フ

【現代かなづかい訳　第一章　第一節】

第一章　生徒隊隊務及内務

第一節　当直監事

第一條　生徒隊配屬の監事毎日交番生徒館に在りて当直勤務に服す之を当直監事と称す
当直監事を生徒隊当直監事生徒隊副直監事及部当直監事に別ち生徒隊当直監事及生徒隊副直監事は西生徒館当直監事室に、部当直監事は各部監事室に在りて当直勤務に服す
生徒隊当直監事は生徒隊監事の命を承け服務し左の事項を掌る
一、教官監事の直接指揮監督せる場合の外生徒を指揮監督す
二、生徒日課の施行を監督す
三、生徒館（直接附属の建造物を含む）生徒用短艇及「ダビット」剣道場、柔道場の保安に任ず
四、信号書保管庫暗号書保管庫の格納、教室入口の鍵の保管に任ず
五、生徒館当直下士官兵の勤務を監督す
第二條　生徒隊副直監事は生徒隊当直監事の命を承け之を補佐す
第三條　部当直監事は生徒隊当直監事の命を承け服務し左の事項を掌る
一、教官監事の直接指揮監督せる場合の外部生徒を指揮監督す

二、生徒日常勤務の指導に任じ日課施行を監督す
三、部所属の生徒館、生徒用短艇及「タビット」の保安に任ず
四、生徒宛郵便物を処理す
五、生徒不時の出来事に関し急を要するものは適宜処理すると共に生徒隊監事、生徒隊当直監事、当直軍医科士官及関係監事に報告通報す
六、部所属の生徒館当直下士官、兵の勤務を監督す
部当直監事は室内点検、巡検、外出（帰校）点検を行う

第二節　當直教官

第四條　部指導官又ハ部附タル教授、技術科士官竝豫備士官（豫備學生ヲ含ム）生徒隊各部毎ニ一名宛毎日輪番主トシテ生徒館ニ在リテ當直教官トシテ服務ス
第五條　當直教官ハ生徒隊監事ノ命ヲ承ケ主トシテ當該部生徒ノ學習指導ニ當ルモノトス

【現代かなづかい訳　第一章　第二節】

第二節　当直教官

第四條　部指導官又は部附たる教授、技術科士官竝予備士官（予備學生を含む）生徒隊各部毎に一名宛毎日輪番主として生徒館に在りて当直教官として服務す

第五條　当直教官は生徒隊監事の命を承け主として当該部生徒の学習指導に当るものとす

第三節　伍長、伍長補、班長、週番生徒、當直生徒及諸係生徒ノ服務

第一項　伍長及伍長補

第六條　伍長ハ分隊監事ノ命承ケ分隊ノ軍紀風紀ノ維持ニ任ジ士氣ヲ鼓勵シ且其ノ親和ヲ圖ルベシ

第七條　伍長ハ諸令違ヲ傳達シ分隊關係事項ヲ分隊監事ニ申告スベシ但シ分隊監事不在ノ際至急ヲ要スル事情アル時ハ之ヲ當直監事ニ申告スルモノトス

第八條　伍長ハ訓練體育、點檢、自習其ノ他ノ作業ニ際シテハ分隊員ヲ指揮監督スベシ

第九條　伍長ハ分隊供用書籍器具等ノ保管及分隊日誌訓示錄其ノ他諸帳簿ノ整理ニ任ジ又受持短艇同屬具、兵器、物品等ノ請求還納、修理申出ヲ取扱フベシ

監事ハ第一號生徒ヲシテ輪番其ノ職務ノ一部ヲ代行セシムルコトヲ得

第十條　伍長ハ分隊内務ニ關シ伍長補以下ノ分隊員ヲ招致シ又ハ之ニ隊務ヲ命ズルコトヲ得

第十一條　伍長補ハ伍長ヲ補佐シ伍長故事アルトキハ之ガ代理ヲナスモノトス

伍長、伍長補共ニ事故アルトキハ分隊名順序ニ（又ハ分隊監事指定スル者）之ガ代理ヲナスベシ

第十二條　伍長（伍長補）交代ニ際シテハ左ノ事項ニ關シ確實ナル中繼ヲナシ且直接保管ノ諸物件ヲ授受シ新舊任者共之ヲ部監事及分隊監事ニ報告スベシ

一、例規ニ關スル件

二、生徒隊關係事務ニ關スル件

三、提出書類及帳薄ニ關スル件
四、供用物品圖書等ノ保管及取扱ニ關スル件
五、各部當番生徒ニ關スル件
六、其ノ他必要ナル事項

【現代かなづかい訳　第一章　第三節　第一項】

第三節　伍長、伍長補、班長、週番生徒、当直生徒及諸係生徒ノ服務

第一項　伍長及伍長補

第六條　伍長は分隊監事の命承け分隊の軍紀風紀の維持に任じ士気を鼓励し且其の親和を図るべし

第七條　伍長は諸令達を伝達し分隊関係事項を分隊監事に申告すべし但し分隊監事不在の際至急を要する事情ある時は之を当直監事に申告するものとす

第八條　伍長は訓練体育、点検、自習其の他の作業に際しては分隊員を指揮監督すべし

監事は第一号生徒をして輪番其の職務の一部を代行せしむることを得

第九条　伍長は分隊供用書籍器具等の保管及分隊日誌訓示録其の他諸帳簿の整理に任じ又受持短艇同属具、兵器、物品等の請求還納、修理申出を取扱うべし

第十条　伍長は分隊内務に関し伍長補以下の分隊員を招致し又は之に隊務を命ずることを得

第十一条　伍長補は伍長を補佐し伍長故事あるときは之が代理をなすものとす

伍長、伍長補共に事故あるときは分隊名順序に（又は分隊監事指定する者）之が代理をなすべし

第十二条　伍長（伍長補）交代に際しては左の事項に関し確実なる申継をなし且直接保管の諸物件を授受し新旧任者共之を部監事及分隊監事に報告すべし

一、例規に関する件

二、生徒隊関係事務に関する件

三、提出書類及帳薄に関する件

四、供用物品図書等の保管及取扱に関する件

五、各部当番生徒に関する件

六、其の他必要なる事項

第二項　班長

第十三條　班長ハ當該班ノ課業ニ關シ諸令逹ノ傳達其ノ他ノ關係事項ヲ處理スルモノトス

第十四條　班長ハ課業前後講堂ノ往復ノ際及班トシテ行動スル場合ニハ班員ヲ指揮引率スベシ教官臨席セバ班長ハ欽席者ノ氏名ヲ報告スベシ

當該期指導官ハ他ノ班員ヲシテ輪番其ノ職務ノ一部ヲ代行セシムルコトヲ得

第十五條　班長事故アルトキハ班名薄順序ニ（又期指導官指定スル者）之ガ代理ヲナスベシ

【現代かなづかい訳　第一章　第三節　第二項】

第二項　班長

第十三條　班長は当該班の課業に関し諸令達の伝達其の他の関係事項を処理するものとす

第十四條　班長は課業前後講堂の往復の際及班として行動する場合には班員を指揮引率すべし教官臨席せば班長は欠席者の氏名を報告すべし

当該期指導官は他の班員をして輪番其の職務の一部を代行せしむることを得

第十五條　班長事故あるときは班名簿順序に（又期指導官指定する者）之が代理をなすべし

第三項　週番生徒

第十六條　生徒隊ニ生徒隊週番生徒ヲ各部ニ部週番生徒ヲ置ク

第十七條　生徒隊監事ハ第一號生徒中若干名宛ヲ指定シテ之ヲ命ジ約一週間毎ニ交代セシム

第十八條　週番生徒ハ當直監事ノ命ヲ承ケ生徒ノ軍紀風紀ノ維持ニ任ジ士氣ヲ鼓勵シ校風ノ發揚ニ努ムベシ

生徒隊監事ハ狀況ニヨリ週番生徒ヲシテ生徒隊（監事教官ヲ除ク）（註）週番生徒ノ生徒隊指揮ニ關シテハ以下同ジ）ノ指揮ヲ執ラシムルコトヲ得

第十九條　週番生徒ハ任務遂行ニ際シ各分隊伍長、及諸係生徒ト密接ナル連絡ヲ保持スベシ

第二十條　週番生徒ハ毎日曜日夕食後交代セシムルヲ例トス

第二十一條　週番生徒ハ週番生徒日誌ヲ備ヘ左記事項記入ノ上次直生徒ニ引繼グベシ

一、週番生徒氏名並ニ服務期間

二、勤務上ノ所信

三、實施事項

四、訓育上必要ト認ムル参考事項並ニ所見

週番生徒日誌ハ毎日朝食前當直監事ノ査閲ヲ受ケ又毎月曜日朝食後生徒隊週番生徒日誌ハ生徒隊監事ニ部週番生徒日誌ハ部監事ニ提出シ其ノ査閲ヲ受クルモノトス

第二十二條　週番生徒ハ校内ニアリテ左圖ノ腕章ヲ左腕ニ附スベシ

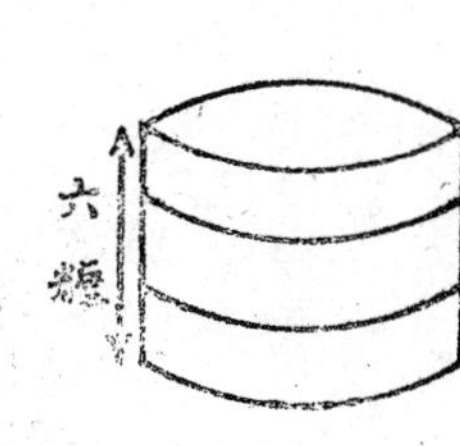

（註）當直週番生徒ノ腕章ノ巾ヲ一〇糎、白線ヲ二本トス

第二十三條　週番生徒服務細則ヲ左ノ通リ定ム

一、生徒隊週番生徒ハ生徒隊週番生徒室ニ在リテ服務シ主トシテ生徒隊ノ統制軍紀風紀ノ維持ニ關スル事項ヲ處理ス

二、部週番生徒ハ夫々部週番生徒室ニ在リテ服務シ主トシテ部ノ統制軍紀風紀ニ關スル事項ヲ處理ス

三、週番生徒ハ儀式、點檢、課業、訓練體育、自習及外出等ノ場合ノ外起床時ヨリ巡檢終了時迄服務スルモノトシ各毎日一名宛ノ當直週番生徒ヲ置ク

當直週番生徒ノ交代時刻ヲ〇八〇〇トス

四、週番生徒ノ事務及自習ハ週番生徒室ニ於テ就寝ハ同寝室ニ於テ爲スモノトス

五、生徒隊集合ノ場合ニハ部當直週番生徒ハ各分隊ノ整備ヲ受ケ生徒隊當直週番生徒ニ報告シ生徒隊當直週番生徒ハ各部ノ整備ヲ受ケテ當直監事又ハ生徒隊監事ニ報告シ要スレバ命ニヨリ生徒隊ノ指揮ヲ執ルモノトス

但シ分隊監事分隊ヲ指揮スル場合ハ此ノ限ニアラズ

六、總員訓練ノ場合ニハ當直週番生徒ハ生徒隊監事部監事又ハ訓練指導官ノ命ヲ承ケ生徒隊又ハ部ノ指揮ニ任ズルヲ例トス

但シ總短艇橈漕教練ノ場合ニハ部監事及短艇主任指導官ヲ補佐シ號令ノ傳達、作業監督、成績記註等ニ從事スルモノトス

七、披露式（校長ノ場合ヲ除ク）及講演ノ場合ニハ生徒隊當直週番生徒ハ生徒隊ヲ指揮シテ敬禮ヲ行フモノトス

八、儀式點檢ノ場合ニハ週番生徒ハ所屬分隊ノ列中ニ在ルヲ要ス

但シ室内點檢、巡檢及外出（歸校）點檢ノ場合ニハ當直監事ニ隨從スルモノトシ月曜日監事長點檢ノ際ハ軍艦旗揚方關係員ハ點檢ニ參加セズ豫メ所定置位ニアルモノトス

九、週番生徒ハ課業訓練又ハ體育ノタメ隊伍往復スル場合ニハ必要ニ應ジ随時列外ニアリテ整頓歩調等ニ注意スルコトヲ得
一〇、週番生徒ハ生徒館及生徒受持部ノ保存手入修理整備ニ關シ意見アラバ生徒隊附監事ニ申告スルト共ニ修理請求ヲナシ之ガ整備ニ努ムルモノトス
一一、週番生徒ハ當直中ノ諸要件ヲ處理スルタメ當直監事ノ許可ヲ得テ各分隊ヨリ人員ヲ招集スルコトヲ得
一二、週番生徒ハ生徒館窓ノ開閉ニ注意シ天候ノ模様ヲ顧慮シ雨水ノ館内ニ浸入スルコトナカラシム
一三、常ニ晴雨計ノ昇降ニ注意シ生徒受持短艇ノ保安ニ留意スベシ
一四、外出、歸校點檢ニ際シ當直監事ノ命ヲ承ケ生徒ノ服装容儀及携帶品ノ點檢ヲ施行スルコトアリ
一五、左ノ場合ハ當直監事ニ報告ス
㈠　諸點檢、諸儀式、軍艦旗揚揭降下ノ十分前
㈡　總員訓練ノ五分前
㈢　天候急變ヲ認ムル場合
㈣　不時ノ出來事又附近ニ重大ナル事項發生シタル時

一六、週番生徒ハ生徒館及生徒受持區域ヲ巡視シテ生徒ニシテ定則、命令違反者アル時ハ之ヲ制止シ要スレバ之ヲ當直監事ニ報告シ當該分隊伍長ニ通報ス

一七、週番生徒ハ生徒館及生徒受持區域ノ掃除整頓ニ留意シ不良ノ箇所アル時ハ當該受持部（分隊）ニ通報シ受持分擔ナキ場合ハ當直監事ノ許可ヲ得テ所要ノ人員ヲ招集シ之カ整理整頓ニ當ルモノトス

週番生徒ハ毎月第一日（土）曜日大掃除終了後各分隊ノ甲板要具及八方園掃除要具ヲ點檢スベシ此ノ際各分隊第一號生徒一名及第三（二）號生徒一名ハ本點檢ヲ受クルモノトス

一八、週番生徒ハ總員起床十五分前ニ起床シ巡檢後十五分以內ニ就寢スルモノトス

第二十四條　週番生徒ハ考査期間中ニ限リ總員起床後ヨリ朝ノ點育終了迄、課業始メニ於ケル勤務及各點檢及巡檢ノ隨從並ニ特ニ命ゼラレタル場合ノ外服務スルニ及バズ

第二十五條　週番生徒タラザル第一號生徒ハ常ニ週番生徒ヲ補佐推進シ其ノ任務遂行ニ遺憾ナカラシムルト共ニ週番生徒アラザル場合ニハ必要ヲ認メタル生徒ハ隨時自ラ其ノ位置ニ立チ指揮ニ任ズベシ

【現代かなづかい訳　第一章　第三節　第三項】

第三項　週番生徒

第十六條　生徒隊に生徒隊週番生徒を各部に部週番生徒を置く

第十七條　生徒隊監事は第一号生徒中若干名宛を指定して之を命じ約一週間毎に交代せしむ

第十八條　週番生徒は当直監事の命を承け生徒の軍紀風紀の維持に任じ士気を鼓励し校風の発揚に努むべし

生徒隊監事は状況により週番生徒をして生徒隊（監事教官を除く）（註）週番生徒の生徒隊指揮に関しては以下同じ）の指揮を執らしむることを得

第十九條　週番生徒は任務遂行に際し各分隊伍長、及諸係生徒と密接なる連絡を保持すべし

第二十條　週番生徒は毎日曜日夕食後交代せしむるを例とす

第二十一條　週番生徒は週番生徒日誌を備え左記事項記入の上次直生徒に引継ぐべし

一、週番生徒氏名並に服務期間
二、勤務上の所信
三、実施事項
四、訓育上必要と認むる参考事項並に所見
週番生徒日誌は毎日朝食前当直監事の査閲を受け又毎月曜日朝食後生徒隊週番生徒日誌は生徒隊監事に部週番生徒日誌は部監事に提出し其の査閲を受くるものとす
第二十二條　週番生徒は校内にありて左図の腕章を左腕に附すべし
（原文参照）
第二十三條　週番生徒服務細則を左の通り定む
一、生徒隊週番生徒は生徒隊週番生徒室に在りて服務し主として生徒隊の統制軍紀風紀の維持に関する事項を処理す
二、部週番生徒は夫々部週番生徒室に在りて服務し主として部の統制軍紀風紀に関する事項を処理す
三、週番生徒は儀式、点検、課業、訓練体育、自習及外出等の場合の外起床時より巡検終了時迄服務するものとし各毎日一名宛の当直週番生徒を置く
当直週番生徒の交代時刻を〇八〇〇とす

四、週番生徒の事務及自習は週番生徒室に於て就寝は同寝室に於て為すものとす

五、生徒隊集合の場合には部当直週番生徒は各分隊の整備を受け生徒隊当直週番生徒に報告し生徒隊当直週番生徒は各部の整備を受けて当直監事又は生徒隊監事に報告し要すれば命により生徒隊の指揮を執るものとす

但し分隊監事分隊を指揮する場合は此の限にあらず

六、総員訓練の場合には当直週番生徒は生徒隊監事部監事又は訓練指導官の命を承け生徒隊又は部の指揮に任ずるを例とす

但し総短艇橈漕教練の場合には部監事及短艇主任指導官を補佐し号令の伝達、作業監督、成績記註等に従事するものとす

七、披露式（校長の場合を除く）及講演の場合には生徒隊当直週番生徒は生徒隊を指揮して敬礼を行うものとす

八、儀式点検の場合には週番生徒は所属分隊の列中に在るを要す

但し室内点検、巡検及外出（帰校）点検の場合には当直監事に随従するものとし月曜日監事長点検の際は軍艦旗揚方関係員は点検に參加せず予め所定置位にあるものとす

九、週番生徒は課業訓練又は体育のため隊伍往復する場合には必要に応じ随時列外

にありて整頓歩調等に注意することを得

一〇、週番生徒は生徒館及生徒受持部の保存手入修理整備に関し意見あらば生徒隊附監事に申告すると共に修理請求をなし之が整備に努むるものとす

一一、週番生徒は当直中の諸要件を処理するため当直監事の許可を得て各分隊より人員を招集することを得

一二、週番生徒は生徒館窓の開閉に注意し天候の模様を顧慮し雨水の館内に浸入することなからしむ

一三、常に晴雨計の昇降に注意し生徒受持短艇の保安に留意すべし

一四、外出、帰校点検に際し当直監事の命を承け生徒の服装容儀及携帯品の点検を施行することあり

一五、左の場合は当直監事に報告す

㈠ 諸点検、諸儀式、軍艦旗揚掲降下の十分前

㈡ 総員訓練の五分前

㈢ 天候急変を認むる場合

㈣ 不時の出來事又附近に重大なる事項発生したる時

一六、週番生徒は生徒館及生徒受持区域を巡視して生徒にして定則、命令違反者あ

る時は之を制止し要すれば之を当直監事に報告し当該分隊伍長に通報す

一七、週番生徒は生徒館及生徒受持区域の掃除整頓に留意し不良の箇所ある時は当該受持部（分隊）に通報し受持分担なき場合は当直監事の許可を得て所要の人員を招集し之か整理整頓に当るものとす

週番生徒は毎月第一日（土）曜日大掃除終了後各分隊の甲板要具及八方園掃除要具を点検すべし此の際各分隊第一号生徒一名及第三（二）号生徒一名は本点検を受くるものとす

一八、週番生徒は総員起床十五分前に起床し巡検後十五分以内に就寝するものとす

第二十四条　週番生徒は考査期間中に限り総員起床後より朝の点育終了迄、課業始めに於ける勤務及各点検及巡検の随従並に特に命ぜられたる場合の外服務するに及ばず

第二十五条　週番生徒たらざる第一号生徒は常に週番生徒を補佐推進し其の任務遂行に遺憾なからしむると共に週番生徒あらざる場合には必要を認めたる生徒は随時自ら其の位置に立ち指揮に任ずべし

第四項　當直生徒

第二十六條　各分隊ニ當直生徒ヲ置ク

第二十七條　當直生徒ハ第一號生徒一名ヲ以テ充テ毎日輪番左ノ勤務ニ服スルモノトス

一、當日ノ分隊號令官

二、隊務當番ノ服務監督

三、週番生徒トノ連絡（之ガ爲毎日自習開始十五分前週番生徒室ニ集合ス）

（註）隊務當番トハ當日ノ分隊雜務ヲ處理スベキ三（二）號生徒ヲ謂フ

第二十八條　當直生徒ノ交代ヲ朝食時トス

【現代かなづかい訳　第一章　第三節　第四項】

第四項　当直生徒

第二十六條　各分隊に当直生徒を置く

第二十七條　当直生徒は第一号生徒一名を以て充て毎日輪番左の勤務に服するものとす

一、当日の分隊号令官

二、隊務当番の服務監督

三、週番生徒との連絡（之が為毎日自習開始十五分前週番生徒室に集合す）

（註）隊務当番とは当日の分隊雑務を処理すべき三（二）号生徒を謂う

第二十八條　当直生徒の交代を朝食時とす

第五項　諸係生徒

第二十九條　生徒隊ニ左ノ隊務主任及隊務主任補佐ヲ置キ生徒隊某係及生徒隊某係補佐ト呼稱ス

小銃、短艇、應急要具、通信、電機、劍道、柔道、銃劍術、游泳術、體操、闘球、

籠球、排球、野球、相撲、自動車、彌山登山、軍歌、酒保養浩館、倶樂部、圖書、被服月渡品（甲乙）、校庭、科學館

第三十條　部及分隊ニ左ノ隊務主任及隊務主任補佐ヲ置キ某部某係某部某係補佐及某分隊某係某分隊某係補佐ト呼稱ス

小銃、短艇、應急要具、通信、電機、劍道、柔道、游泳術、體操體技、自動車、彌山登山、軍歌、酒保養浩館、倶樂部、圖書、被服月渡品、校庭、科學館

第三十一條　生徒隊監事ハ第一號生徒中ヨリ生徒隊隊務主任ヲ第二號生徒中ヨリ生徒隊隊務主任補佐ヲ指定シ部監事ハ第一號生徒中ヨリ當該部隊務主任ヲ、第二號生徒中ヨリ當該部隊務主任補佐ヲ指定シ、分隊監事ハ第一號生徒中ヨリ當該分隊隊務主任ヲ第二號生徒中ヨリ當該分隊隊務主任補佐ヲ指定スルモノトス、隊務主任及隊務主任補佐ノ勤務期間ヲ一ヶ年トス

第三十二條　隊務主任及隊務主任補佐ハ生徒隊監事、部監事、分隊監事、訓練指導官擔任教官及當直監事ノ命ヲ承ケ左ノ任務ヲ遂行スベシ

一、受持業務ノ監督指導

二、受持場所、要具ノ整頓、保存手入

三、受持業務ノ改善進歩及要具場所ノ修理改善ニ關スル研究

第三十三條　生徒隊及部隊務主任ハ各記錄ヲ備ヘ左ノ事項記入ノ上隊務主任ニ引繼グベシ

一、隊務主任氏名並ニ服務期間

二、勤務上ノ所信

三、實施事項

四、研究並ニ改善意見及參考事項

五、所見

每年指定月初頭生徒隊隊務記錄ハ生徒隊監事ニ部隊務記錄ハ部監事ニ提出シ其ノ査閲ヲ受クルモノトス

【現代かなづかい訳　第一章　第三節　第五項】

第五項　諸係生徒

第二十九條　生徒隊に左の隊務主任及隊務主任補佐を置き生徒隊某係及生徒隊某係補佐と呼称す

小銃、短艇、応急要具、通信、電機、剣道、柔道、銃剣術、游泳術、体操、闘球、籠球、排球、野球、相撲、自動車、彌山登山、軍歌、酒保養浩館、倶楽部、図書、被服月渡品（甲乙）、校庭、科学館

第三十條　部及分隊に左の隊務主任及隊務主任補佐を置き某部某係某部某係補佐及某分隊某係某分隊某係補佐と呼称す

小銃、短艇、応急要具、通信、電機、剣道、柔道、游泳術、体操体技、自動車、彌山登山、軍歌、酒保養浩館、倶楽部、図書、被服月渡品、校庭、科学館

第三十一條　生徒隊監事は第一号生徒中より生徒隊隊務主任を第二号生徒中より生徒隊隊務主任補佐を指定し部監事は第一号生徒中より当該部隊務主任を、第二号生徒中より当該部隊務主任補佐を指定し、分隊監事は第一号生徒中より当該分隊隊務主任を第二号生徒中より当該分隊隊務主任補佐を指定するものとす、隊務主任及隊務主任補佐の勤務期間を一ケ年とす

第三十二條　隊務主任及隊務主任補佐は生徒隊監事、部監事、分隊監事、訓練指導官担任教官及当直監事の命を承け左の任務を遂行すべし

一、受持業務の監督指導

二、受持場所、要具の整頓、保存手入

三、受持業務の改善進歩及要具場所の修理改善に関する研究

第三十三條　生徒隊及部隊務主任は各記録を備え左の事項記入の上隊務主任に引継ぐべし

一、隊務主任氏名並に服務期間

二、勤務上の所信

三、実施事項

四、研究並に改善意見及参考事項

五、所見

毎年指定月初頭生徒隊隊務記録は生徒隊監事に部隊務記録は部監事に提出し其の査閲を受くるものとす

第四節　日課週課（別紙〈編集部注・八八ページ〉）

日課週課表（昭和十九年五月二十三日改正）

冬季（自十一月 至三月三十一日）（最冬日課ヲ除ク）

時限：〇三〇　六　三〇　七　三〇　八　三〇　九　三〇　一〇　三〇　一一　三〇　一二　三〇　一…

時期／曜	日課
月・火水木金	起床（〇六〇〇）　体育及日課手入（二〇分）　朝食（〇六五五）　軍艦旗掲揚（〇八〇〇）　定時点検（一〇分）　第一時限（四五分）　休憩（五分）　第二時限（四五分）　休憩（一五分）　第三時限（四五分）　休憩（五分）　第四時限（四五分）　晝食（一二〇〇）　課業整列（一二五五）…
土	課業整列（〇七三五）　第一時限（四五分）　休憩（五分）　第二時限（四五分）　休憩（一五分）　第三時限（四五分）　休憩（五分）　第四時限　晝食（一一三〇）　自選作業（…）
日	勅諭奉読　自修　朝食（〇七三〇）　自選体育（四五分）　外出点検（〇九四五）　晝食（一二〇〇）
祭記	朝食（〇六五五）　軍艦旗掲揚（〇八〇〇）　儀式（〇八〇五）　課業整列（〇八三〇）　第一時限（四五分）　休憩（五分）　第二時限（四五分）　休憩（一五分）　第三時限（四五分）　休憩（五分）　第四時限（四五分）　晝食（一一三〇）

時限：〇三〇　六　三〇　七　三〇　八　三〇　九　三〇　一〇　三〇　一一　三〇　一二　三〇　一…

記事

窓又ハ扉ハ寝具整頓前之ヲ開ク

最右ニ寝室ヲ出ル者ハ寝室ノ電灯ヲ消ス

起床后洗面ヲ行フ（所定場所）

体育ハ体操剣道柔道銃剣術（体操三分前ヨリ執布摩擦）

日課手入ヲ行フ者ハ予メ五分間体操ヲ施行ス

勅諭奉読自修ハ午后自習開始ニ準ジ着席

勅諭ノ謹写及特ニ指定セラレタル精神修養書ノ閲読ヲ行フコトヲ得

朝食時ハ「着ケ」ノ令后勅諭ヲ黙誦「食事ニ掛レ」ノ令ニヨリ就食

就食ニ后レ又ハ令ニ先立チ食卓ヲ離ルルヲ要スル者ハ事由ヲ當直監事ニ申告スベシ

烹炊員ニ所要アル際ハ片手ヲ挙グベシ

月曜日定時点検ハ監事長点検（考査中ハ行ハズ）

分隊点検ノ要領ニヨリ点検

定時点検時各分隊當直生徒ハ分隊総員数缺席者員数及缺席者氏名並ニ事由ヲ分隊監事ニ申告ス

課業整列―課業開始十五分前「生徒呼集」ノ令ニテ各學年各教班毎ニ所定位置ニ整列班長（号令者）↓部週番生徒↓部當直監事↓生徒隊監事（又ハ部週番生徒↓生徒隊週番生徒↓生徒隊當直監事）「前ヘ」ノ令ニテ発進（外休外見患者ハ整備右直ニ発進）

課業終ラバ各班各生徒館前ニ至リ解散中央廊下通過迄駈歩

外出日内食事ハ食堂中央ヨリ着席（一号生徒ハ南側二三号生徒ハ北側）

自選作業中ハ理髪洗濯銃器手入ヲ行ハズ

午后課業整列五分前信号随意受信（受信中ハ敬礼ヲ略スルヲ得）

項目	時機	場所

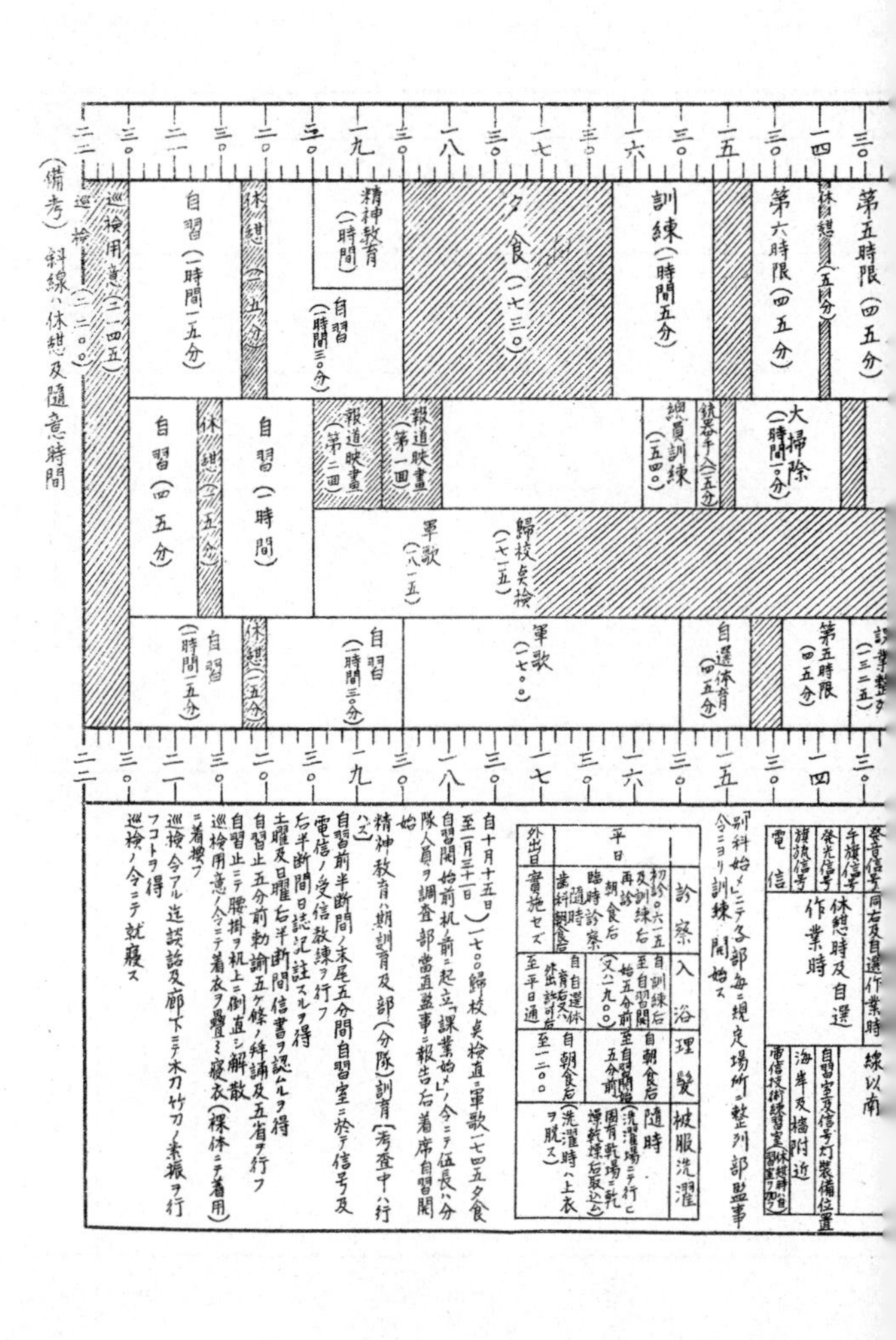

発音信号同右及自選作業時	休憩時及自選作業時	線以南
午旗信号		自習室及信号灯装備位置
発光信号	作業時	
手旗信号		海岸及橋附近
電信		電信技術練習室（休憩時ハ自習室ヲ加フ）

「別科始メ」ニテ各部毎ニ規定場所ニ整列部監事令ニヨリ訓練ヲ開始ス

	診察	入浴	理髪	被服洗濯
平日	初診〇六一五及訓練右 再診朝食右 臨時随時診察	自訓練右至自習開始五分前（又ハ一九〇〇）	自朝食右至自習開始五分前	随時（洗濯場ニテ行ヒ国有乾場ニ乾燥乾燥右取込ム）
外出日	實施セズ 歯科朝食右	自自選体育右又ハ外出許可右至平日通	自朝食右至一二〇〇	（洗濯時ハ上衣ヲ脱ス）

自十月十五日至三月三十一日）一七〇〇帰校点検直ニ軍歌一七四五夕食

自習開始前机前ニ起立「課業始メ」ノ令ニテ伍長ハ分隊人員ヲ調査部当直監事ニ報告右着席自習開始

精神教育ハ朔訓育及部（分隊）訓育（考査中ハ行ハズ）

自習前半断間ノ末尾五分間自習室ニ於テ信号及電信ノ受信教練ヲ行フ

右半断間日誌記註スルヲ得

土曜及日曜右半断間信書ヲ認ムルヲ得

自習止五分前勅諭五ケ條ノ拝誦及五省ヲ行フ

自習止ニテ腰掛ヲ机上ニ倒置シ解散

巡検用意ノ令ニテ着衣ヲ疊ミ寝衣（裸体ニテ着用）ニ着換フ

巡検令アル迄談話及廊下ニテ木刀竹刀ノ素振ヲ行フコトヲ得

巡検ノ令ニテ就寝ス

日課週課表（昭和　年　月　日改正）生徒各自記入ノコト

曜日＼時限	三〇	六	三〇	七	三〇	八	三〇	九	三〇	十	三〇	十一	三〇	十二	三〇	三
月																
火水木金																
土																
日																
祭記																

時限	三〇	六	三〇	七	三〇	八	三〇	九	三〇	十	三〇	十一	三〇	十二	三〇	三
記事																

第五節　諸室（所）内心得

第一項　大講堂

第三十四條　出入ニ當リテ玉座ニ對シ敬禮ヲ行フベシ

第三十五條　特ニ用事アル者ノ外出入セザルモノトス

第三十六條　急ヲ要スル時ノ外駈歩ヲナサザルモノトス

【現代かなづかい訳　第一章　第一項】

第五節　諸室（所）内心得

第一項　大講堂

第三十四條　出入に当りて玉座に対し敬礼を行うべし

第三十五條　特に用事ある者の外出入せざるものとす

第三十六條　急を要する時の外駈歩をなさざるものとす

第二項　參考館

第三十七條　總員起床後ヨリ午後自習開始時迄教務訓練作業ニ差支ヘナキ時間随時入館スル事ヲ得

第三十八條　本館ハ神聖ナル訓育施設ナルヲ以テ館内ニテハ常ニ脱帽シ敬虔ナル態度ヲ持シ靜肅ヲ旨トシ特ニ東郷元帥室及特別室ノ出入ニ際シテハ敬禮ヲ行フモノトス

第三十九條　本館出入ニ際シテハ敬禮ヲ行フモノトス

第四十條　急ヲ要スル場合ノ外駈歩ヲ用ヒザルモノトス

【現代かなづかい訳　第一章　第五節　第二項】

第二項　參考館

第三十七條　総員起床後より午後自習開始時迄教務訓練作業に差支えなき時間随時入館する事を得

第三十八條　本館は神聖なる訓育施設なるを以て館内にては常に脱帽し敬虔なる態度を持し静粛を旨とし特に東郷元帥室及特別室の出入に際しては敬礼を行うものとす

第三十九條　本館出入に際しては敬禮を行ふものとす

第四十條　急を要する場合の外駈歩を用いざるものとす

第三項　自習室

第四十一條　自習室ニハ教科書課業用器具物品並ニ特ニ許可セラレタル参考書類以外ノモノヲ置クベカラズ但シ状袋、巻紙及切手類ハ机内ニ保存スルコトヲ得

第四十二條　自習室ニアリテハ靜粛ヲ旨トシ音讀若ハ高聲ヲ發スベカラズ

分隊監事ノ許可ナクシテ分隊供用以外ノ物品ヲ装備スベカラズ

第四十三條　自習（修）時間中自席ヲ離レ或ハ所用アル時在室先任者ノ許可ヲ受クベシ　但シ五省時間中ハ離席スルヲ得ズ

第四十三條　自習中質問ヲ許可セラレタル時ハ指示場所ニ至リ質問スルコトヲ得

第四十四條　自習室内ニ在リテハ帽子ハ机ノ右側板ニ設ケタル折釘ニ書籍入嚢ハ左側折釘ニ掛ケ置クベシ　但シ星座盤ノミ非通路側ニ掛クル事ヲ得

第四十五條　銃架覆ハ自習始メ五分前ニ卸シ室直時甲板掃除後揚グ但シ自習ナキ時ハ一九〇〇卸スモノトス大掃除等ノ際ハ右ニ準ズ

第四十六條　窓ノ開閉ハ例規所定トス　但シ状況ニ依リ週番生徒又ハ伍長ハ部當直監事ノ許可ヲ得テ變更スル事ヲ得

第四十七條　上級生徒ノ下級生徒ニ對スル教示訓話ハ自習時間以外ニ於テ行フベシ

【現代かなづかい訳　第一章　第五節　第三項】

第三項　自習室

第四十一條　自習室には教科書課業用器具物品並に特に許可せられたる参考書類以外のものを置くべからず但し状袋（封筒）、巻紙及切手類は机内に保存することを得分隊監事の許可なくして分隊供用以外の物品を装備すべからず

第四十二條　自習室にありては静粛を旨とし音読若は高声を発すべからず

第四十三條　自習（修）時間中自席を離れ或は所用ある時在室先任者の許可を受くべし　但し五省時間中は離席するを得ず

第四十三條　自習中質問を許可せられたる時は指示場所に至り質問することを得

第四十四條　自習室内に在りては帽子は机の右側板に設けたる折釘に書籍入嚢は左側折釘に掛け置くべし　但し星座盤のみ非通路側に掛くる事を得

第四十五條　銃架覆は自習始め五分前に卸し室直時甲板掃除後揚ぐ但し自習なき時は一九〇〇卸すものとす大掃除等の際は右に準ず

第四十六條　窓の開閉は例規所定とす　但し状況に依り週番生徒又は伍長は部当直監事の許可を得て変更する事を得

第四十七條　上級生徒の下級生徒に対する教示訓話は自習時間以外に於て行うべし

第四項　寝室

第四十八條　寝室ニ在リテハ靜肅ヲ旨トシ規定時間外寝台上ニ横臥又ハ蹲踞スベカラ

ズ

第四十九條　巡檢ヨリ總員起床迄ハ談話スル事ヲ得ズ又厠ニ赴ク以外離床スベカラズ同時間中寢室ヲ出入スル者ハ特ニ草履ヲ使用シ扉ノ開閉動作歩行ヲ靜肅ニスベシ

第五十條　寢室内ニ在ル被服物品等ハ常ニ整頓手入等ヲ怠ルベカラズ特ニ靴ハ外部ニ曝露シ塵埃附着シ易キヲ以テ屢掃除ヲ行フベシ

第五十一條「アイロン」ハ休憩時便宜使用スル事ヲ得

第五十二條　巡檢前寢台下ニ撒水スルヲ例トス

【現代かなづかい訳　第一章　第五節　第四項】

第四十八條　寝室に在りては静粛を旨とし規定時間外寝台上に横臥又は蹲踞すべからず

第四十九條　巡検より総員起床迄は談話する事を得ず又厠に赴く以外離床すべからず同時間中寝室を出入する者は特に草履を使用し扉の開閉動作歩行を静粛にすべし

第五十條　寝室内に在る被服物品等は常に整頓手入等を怠るべからず特に靴は外部に

曝露し塵埃附着し易きを以て屢掃除を行うべし

第五十一條　「アイロン」は休憩時便宜使用する事を得

第五十二條　巡検前寝台下に撒水するを例とす

第五項　講堂

第五十三條　課業時ニ於ケル生徒館軍事學講堂普通學講堂砲台表桟橋間ノ往復ハ隊伍ヲ組ミ行フヲ例トス　但シ外休外見患者ハ第二生徒館西側入口附近ニテ解散スル事ヲ得

第五十四條　講堂ニ於ケル歩行ハ静肅ヲ旨トシ階段昇降ニ駈歩ヲ用ヒザルモノトス

第五十五條　講堂ニアリテハ姿勢ヲ正シ整頓ニ留意シ靜肅ヲ旨トシ互ニ言語ヲ交ヘ又ハ許可ナクシテ自席ヲ離ルベカラズ

第五十六條　質問セントスルトキハ手ヲ擧ゲ許可ヲ得テ起立シテ説明ヲ乞フベシ教官ヨリ指名ヲ受ケ或ハ問答スル時ハ起立スベシ

第五十七條　課業中ハ名札ヲ机上右前方ニ置キ書籍入嚢ハ所定ノ所ニ掛ケ置クベシ

【現代かなづかい訳　第一章　第五節　第五項】

第五項　講堂

第五十三條　課業時に於ける生徒館軍事学講堂普通学講堂砲台表桟橋間の往復は隊伍を組み行うを例とす　但し外休外見患者は第二生徒館西側入口附近にて解散する事を得

第五十四條　講堂に於ける歩行は静粛を旨とし階段昇降に駈歩を用いざるものとす

第五十五條　講堂にありては姿勢を正し整頓に留意し静粛を旨とし互に言語を交え又は許可なくして自席を離るべからず

第五十六條　質問せんとするときは手を挙げ許可を得て起立して説明を乞うべし教官より指名を受け或は問答する時は起立すべし

第五十七條　課業中は名札を机上右前方に置き書籍入嚢は所定の所に掛け置くべし

第六項　道場

第五十八條　道場出入ノ際ハ神殿ニ敬禮スベシ

第五十九條　靴ハ先着順ニ四段目以下入口ノ側ヨリ整頓シ格納ハ靴棚上方三段ハ兩衣ヲ納ムルモノトシ四段以下ヲ使用セル後ノミ靴ヲ格納スル事ヲ得

第六十條　軍帽ノ向ハ更衣所通路トス

第六十一條　更衣ハ更衣所ニテ行ヒ上又ハ下ヨリ交互ニ行ヒ同時ニ脱シ裸體トナルベカラズ

【現代かなづかい訳　第一章　第五節　第六項】

第六項　道場

第五十八條　道場出入の際は神殿に敬礼すべし

第五十九條　靴は先着順に四段目以下入口の側より整頓し格納は靴棚上方三段は雨衣を納むるものとし四段以下を使用せる後のみ靴を格納する事を得

第六十條　軍帽の向は更衣所通路とす

第六十一條　更衣は更衣所にて行い上又は下より交互に行い同時に脱し裸体となるべからず

第七項　廳舎

第六十二條　定時點検前及夕食後ハ廳舎内ニ立入ラザルモノトス　尚右時間外ト雖モ特ニ用事アル者ノ外猥リニ廳舎内ニ立入ルベカラズ

第六十三條　廳舎内ニ在リテハ校長室副校長室教官室及生徒隊事務室以外ニ出入スベカラズ

但シ生徒隊附監事ノ許可ヲ受ケ主計部ニ立入ルコトヲ得

第六十四條　廳舎内ニ在リテハ特ニ急ヲ要スル場合ノ外駈歩ヲナサザルモノトス

【現代かなづかい訳　第一章　第五節　第七項】

第七項　庁舎

第六十二條　定時点検前及夕食後は庁舎内に立入らざるものとす　尚右時間外と雖も特に用事ある者の外猥りに庁舎内に立入るべからず

第六十三條　庁舎内に在りては校長室副校長室教官室及生徒隊事務室以外に出入すべからず

但し生徒隊附監事の許可を受け主計部に立入ることを得

第六十四條　庁舎内に在りては特に急を要する場合の外駈歩をなさざるものとす

第八項　圖書閲覧室

第六十五條　閲覧室ハ圖書室備付圖書（借用手續ヲ經タルモノ）本室備付圖書類及特

ニ指定セラレタル圖書ヲ閲讀スル所トス

第六十六條　本室ノ使用時限ハ起床後體操（訓練）終了時ヨリ自習始五分前迄日課作業ニ妨ナキ時間及自習隨意時トス

第六十七條　參考館圖書閲覽室ノ使用時限モ前條ニ同ジトス

第六十八條　圖書類閲覽後ハ正シク舊位置ニ收納整頓シ置クベシ

第六十九條　本室内ニ於テハ他ニ迷惑ヲ及ボサザル限リ談話ヲナスコトヲ得　其ノ他自習室ニアルト同様靜肅ヲ旨トスベシ

第七十條　使用圖書ハ鄭重ニ取扱フベシ若シ誤ツテ毀損スルカ或ハ毀損ノ個所ヲ發見セバ直ニ圖書館事務員ニ通知スベシ

【現代かなづかい訳　第一章　第五節　第八項】

第八項　図書閲覧室

第六十五條　閲覧室は図書室備付図書（借用手続を経たるもの）本室備付図書類及特に指定せられたる図書を閲読する所とす

第六十六條　本室の使用時限は起床後体操（訓練）終了時より自習始五分前迄日課作業に妨なき時間及自習随意時とす

第六十七條　參考館図書閲覧室の使用時限も前條に同じとす

第六十八條　図書類閲覧後は正しく旧位置に収納整頓し置くべし

第六十九條　本室内に於ては他に迷惑を及ぼさざる限り談話をなすことを得　其の他自習室にあると同様静粛を旨とすべし

第七十條　使用図書は鄭重に取扱うべし若し誤って毀損するか或は毀損の個所を発見せば直に図書館事務員に通知すべし

第九項　養浩館

第七十二條　養浩館使用許可時限左ノ如シ

1　日曜其ノ他公假日外出日

自　外出許可時刻

至　歸校時刻十分前

2　其ノ他ノ日時

自　訓練終了時刻

至　自習始十分前

（自習随意ノ時ハ一九三〇迄）

第七十三條　養浩館室内ニ入ル際ハ帽子短劍ヲ脱スベシ

第七十四條　日本間ニ於テ上衣ヲ脱スル事及横臥スル事ヲ得但シ横臥ノ儘讀書飲食等ノ事アルベカラズ

第七十五條　備付圖書ハ定所ニ於テ閲覧シ館外ニ持出スベカラズ

第七十六條　飲食ハ定所ニ於テ行ヒ後始末ハ特ニ留意スベシ

第七十七條　館内ニ於テハ「ピンポン」、「ピアノ」、蓄音器、「ラヂオ」、軍歌、詩吟、碁、將棋ノ遊技ヲナス事ヲ得

【現代かなづかい訳　第一章　第五節　第九項】

第九項　養浩館

第七十二條　養浩館使用許可時限左の如し
1　日曜其の他公假日外出日
自　外出許可時刻
至　帰校時刻十分前
2　其の他の日時
自　訓練終了時刻
至　自習始十分前
（自習随意の時は一九三〇迄）
第七十三條　養浩館室内に入る際は帽子短剣を脱すべし
第七十四條　日本間に於て上衣を脱する事及横臥する事を得但し横臥の儘（まま）読書飲食等の事あるべからず

第七十五條　備付図書は定所に於て閲覧し館外に持出すべからず

第七十六條　飲食は定所に於て行い後始末は特に留意すべし

第七十七條　館内に於ては「ピンポン」、「ピアノ」、蓄音器、「ラヂオ」、軍歌、詩吟、碁、将棋の遊技をなす事を得

第六節　書類及圖書取扱

第一項　分隊名簿、分隊日誌、訓示録、作業簿、休暇記録及體力簿

第七十八條　各書類ノ取扱及記註心得ヲ左ノ通定ム

一、分隊名簿

㈠分隊名簿ハ各分隊ニ備ヘ毎年分隊監事以下分隊員総員之ニ署名シ併セテ分隊ノ名譽ヲ記録シ分隊ノ歴史ヲ後世ニ殘スヲ目的トス

㈡分隊名簿ハ各分隊自習室ニ備ヘ永久ニ保存ス

㈢分隊名簿ノ署名ハ毎年分隊編成換直後ニ行フ

但シ新入生徒ハ入校當日署名セシム

(四) 競技褒賞規定ニ依リ優勝旗（刀）ヲ授與セラレタル時（短艇遠距離競技優勝ヲ含ム）ハ之ヲ分隊名簿ニ記錄ス

(五) 分隊名簿ノ記註ハ特定ノ墨ヲ使用ス

二、分隊日誌

(一) 分隊日誌ハ各分隊ニ備ヘ其ノ分隊ニ於ケル重要ナル一切ノ事項ヲ記錄シ以テ分隊ノ經歷ヲ明カニスルト共ニ生徒ヲシテ日誌ノ記註並ニ諸計器ノ取扱ニ習熟セシムルヲ目的トス

(二) 分隊日誌ハ毎日分隊生徒名簿順ニ輪番其ノ記註ヲ擔當ス

(三) 伍長ハ巻頭要項ノ記註ニ當ルト共ニ日誌ノ記註ヲ指導ス

(四) 分隊日誌ハ所定ノ時機ニ分隊監事部監事及生徒隊監事ノ査閲ヲ受ク

(五) 分隊名月日等ハ漢字ヲ用ヒ記字ハ漢字混リ片假名文（外國ニ關スルモノハ平假名又原字）ヲ用ヒ文章體ヲ以テ記述スルモノトス
時刻ハ二十四時間式ヲ用フベシ
氣象ノ觀測ハ〇七三〇、一二三〇、一八〇〇ノ三回トシ當日不在ニシテ觀測ヲ缺キタル時ハ其ノ部ニ斜線ヲ劃スベシ
天氣、雲形、雲量ノ觀測竝ニ記註ハ海洋氣象觀測心得ニヨル

氣壓ハ氣象觀測室備付水銀晴計ニヨル
氣溫濕度ハ各分隊備付計器ニヨリ各分隊自習室、寢室ノ溫度及濕度ヲ測定記入ス
記事ハ左記順序及要領ヲ以テ記註スベシ
訓示　達示　其ノ摘要
揭示　生徒全般及當該分隊ニ關スルモノノミ
行事　主ナル行事及日課ノ變更
受持甲板物件等ノ生ナル損害、修理手入等
總員運動ノ種類及成績
荒天準備及荒天ノ時採リタル手段
人事　分隊員中ノ賞罰、歸省（校）、入（退）院、入（退）室、休業、外休、外見、等ノ患者
其ノ他　氣象ニ關スル件等（風雨、霧雪、雷鳴雷光等ノ發生及終止竝ニ其ノ概況異常ナル氣象ノ現況及其ノ前後ノ顯象）

三、訓示錄

㈠ 訓示錄ハ各分隊ニ備ヘ分隊監事以上ノ訓示ノ要點ヲ記錄シ訓示ノ主旨ヲ體シ學習修養ノ資トスルト共ニ訓示ノ要點ノ把握整理竝ニ文章ノ演練ニ資スシムルヲ目的トス

㈡ 訓示錄ハ一訓示每ニ分隊生徒名簿順ニ輪番其ノ記註ヲ擔當ス

㈢ 訓示錄ハ所定ノ時機ニ分隊監事、部監事、生徒隊監事、監事長及副校長ノ査閲ヲ受ク

㈣ 訓示錄ノ記註ニ當リテハ文章體ヲ用ヒ字劃ヲ正シク且ツ簡明ニシテ要ヲ得ル事ニ努ムベシ

四、作業簿

㈠ 作業簿ハ生徒日々ノ學習修養ノ狀況既往ニ對スル所感疑問竝ニ將來ニ對スル覺悟等ヲ記註セシメ以テ自律自啓ノ精神涵養ニ資セシムルヲ目的トス

㈡ 作業簿ハ生徒各自ニ與ヘ每日其ノ記註ニ當ラシム

㈢ 作業簿ハ所定ノ時機ニ分隊監事、期指導官、部監事及生徒隊監事ノ査閲ヲ受ク

㈣ 作業簿ノ記註ハ作業簿ニ掲グル記註例ニヨル

五、休暇記錄

(一) 休暇記錄ハ休暇中ニ於ケル生徒各自ノ行動概要所感及修養疑問事項等將來参考トナルベキ事ヲ記註シ休暇終了後分隊監事、部監事、生徒隊監事、監事長及副校長ニ提出シ休暇中ニ於ケル各自ノ行動竝ニ修養上會得シタル事項ヲ報告シ併セテ疑問事項ニ對シ乞教ノ用ニ供スルヲ目的トス

(二) 休暇記錄ニハ機密兵器、機密圖書其ノ他機密ニ關スル事項ハ一切之ヲ記載スル事ヲ得ズ

(三) 休暇記錄ハ横書トシ左端ニ適當ノ余白ヲ置キ一行置キニ記註ス

(四) 休暇記錄ノ記事ニハ文章體ヲ用ヒ字劃ヲ正シク當字誤字ヲ愼ミ用字ハ凡テ大臣官房ニ於テ定メラレタル例ニ依ル

(五) 休暇記錄ニ記註スベキ事項ハ休暇記錄記註心得ニヨル

六、體力簿

(一) 體力簿ハ身體檢査ノ結果體力測定ノ成績體育技倆進歩ノ狀況疾病記錄並ニ必要ニ應ジ「ツベルクリン」反應及赤血球沈降速度成績等體力ニ關スル諸般ノ事項ヲ記註シ以テ身體變化ノ狀況ヲ知リ強健ナル身體ノ養成ニ成資セシムルヲ目的トス

(二) 體力簿ハ生徒一人ニ付二冊宛ヲ備ヘ生徒自ラ記入ス

(三) 體力簿ハ毎月一回分隊監事ノ査閲ヲ受ク

第七十九條 査閲書類ノ提出ハ左記ニ依ル

提出書類＼査閲官	分隊監事	訓指導官	部監事	生徒隊監事	監事長	副校長
分隊日誌	毎週月曜日		毎月一回（第一火曜日）	特令ノ時機		
訓示録	毎週月曜日		毎月一回（第一火曜日）	特令ノ時機	特令ノ時機	特令ノ時機
作業簿	指定ノ日	特令ノ時機又ハ分隊監事ニテ特ニ必要ト認ムルモノ				
休暇記録	歸校後二日以内	分隊監事ニテ特ニ必要ト認メタルモノ	分隊監事査閲後	特令ノ時機	特令ノ時機	特令ノ時機
體力簿	毎月一回（第三月曜日）					

【現代かなづかい訳 第一章 第六節 第一項】

第六節 書類及図書取扱

第一項　分隊名簿、分隊日誌、訓示録、作業簿、休暇記録及体力簿

第七十八條　各書類の取扱及記註心得を左の通定む

一、分隊名簿

(一)　分隊名簿は各分隊に備え毎年分隊監事以下分隊員総員之に署名し併せて分隊の名誉を記録し分隊の歴史を後世に残すを目的とす

(二)　分隊名簿は各分隊自習室に備え永久に保存す

(三)　分隊名簿の署名は毎年分隊編成換直後に行う但し新入生徒は入校当日署名せしむ

(四)　競技褒賞規定に依り優勝旗（刀）を授与せられたる時（短艇遠距離競技優勝を含む）は之を分隊名簿に記録す

(五)　分隊名簿の記註は特定の墨を使用す

二、分隊日誌

(一)　分隊日誌は各分隊に備え其の分隊に於ける重要なる一切の事項を記録し以て分隊の経歴を明かにすると共に生徒をして日誌の記註並に諸計器の取扱に習熟せしむるを目的とす

(二)　分隊日誌は毎日分隊生徒名簿順に輪番其の記註を担当す

㈢ 伍長は巻頭要項の記註に当ると共に日誌の記註を指導す

㈣ 分隊日誌は所定の時機に分隊監事部監事及生徒隊監事の査閲を受く

㈤ 分隊名月日等は漢字を用い記字は漢字混り片假名文（外国に関するものは平假名又原字）を用い文章体を以て記述するものとす

時刻は二十四時間式を用うべし

氣象の観測は〇七三〇、一二三〇、一八〇〇の三回とし当日不在にして観測を欠きたる時は其の部に斜線を画すべし

天気、雲形、雲量の観測並(ならび)に記註は海洋気象観測心得による

気圧は気象観測室備付水銀晴計による

氣溫湿度は各分隊備付計器により各分隊自習室、寝室の溫度及湿度を測定記入す

記事は左記順序及要領を以て記註すべし

訓示　達示　其の摘要

掲示　　　生徒全般及当該分隊に関するもののみ

行事　　主なる行事及日課の変更

　　受持甲板物件等の生なる損害、修理手入等

人事
　総員運動の種類及成績
　荒天準備及荒天の時採りたる手段
　分隊員中の賞罰、帰省（校）、入（退）院、入（退）室、休業、外休、外見、等の患者

其の他
　氣象に関する件等（風雨、霧雪、雷鳴雷光等の発生及終止竝に其の概況異常なる気象の現況及其の前後の顕象）

三、訓示録

㈠ 訓示録は各分隊に備え分隊監事以上の訓示の要点を記録し訓示の主旨を体し学習修養の資とすると共に訓示の要点の把握整理竝に文章の演練に資すしむるを目的とす

㈡ 訓示録は一訓示毎に分隊生徒名簿順に輪番其の記註を担当す

㈢ 訓示録は所定の時機に分隊監事、部監事、生徒隊監事、監事長及副校長の査閲を受く

㈣ 訓示録の記註に当りては文章体を用い字画を正しく且つ簡明にして要を得る事に努むべし

四、作業簿

㈠ 作業簿は生徒日々の学習修養の状況既往に対する所感疑問竝に将来に対する覚悟等を記註せしめ以て自律自啓の精神涵養に資せしむるを目的とす

㈡ 作業簿は生徒各自に与え毎日其の記註に当らしむ

㈢ 作業簿は所定の時機に分隊監事、期指導官、部監事及生徒隊監事の査閲を受く

㈣ 作業簿の記註は作業簿に掲ぐる記註例による

五、休暇記録

㈠ 休暇記録は休暇中に於ける生徒各自の行動概要所感及修養疑問事項等将来参考となるべき事を記註し休暇終了後分隊監事、部監事、生徒隊監事、監事長及副校長に提出し休暇中に於ける各自の行動竝に修養上会得したる事項を報告し併せて疑問事項に対し乞教の用に供するを目的とす

㈡ 休暇記録には機密兵器、機密図書其の他機密に関する事項は一切之を記載することを得ず

㈢ 休暇記録は横書とし左端に適当の余白を置き一行置きに記註す

㈣ 休暇記録の記事には文章体を用い字画を正しく当字誤字を慎み用字は凡て大

臣官房に於て定められたる例に依る

㈤　休暇記録に記註すべき事項は休暇記録記註心得による

六、体力簿

㈠　体力簿は身体検査の結果体力測定の成績体育技倆進歩の状況疾病記録並に必要に応じ「ツベルクリン」反応及赤血球沈降速度成績等体力に関する諸般の事項を記註し以て身体変化の状況を知り強健なる身体の養成に成資せしむるを目的とす

㈡　体力簿は生徒一人に付二冊宛を備え生徒自ら記入す

㈢　体力簿は毎月一回分隊監事の査閲を受く

第七十九條　査閲書類の提出は左記に依る

（原文参照）

第二項　機密圖書

第八十條　生徒ノ機密圖書ノ取扱ハ別冊「海軍兵學校機密保持規定」

附録「生徒學生機密圖書取扱規定」ニ依ル
第八十一條　機密保持ハ特ニ左記ニ注意スベシ
一、海軍兵學校機密保持規定ヲ熟讀シ萬遺憾無キヲ期スベシ
二、機密事項ヲ記註シアル紙屑反故ハ焼却シ塵箱等ニ投入スベカラズ
三、機密圖書保管庫ニ圖書ヲ出納スル際ハ其ノ都度圖書名ヲ確認シ漫然ト行フ如キ
事アルベカラズ

【現代かなづかい訳　第一章　第六節　第二項】

第二項　機密図書

第八十條　生徒の機密図書の取扱は別冊「海軍兵学校機密保持規定」
附録「生徒学生機密図書取扱規定」に依る
第八十一條　機密保持は特に左記に注意すべし
一、海軍兵学校機密保持規定を熟讀し万遺憾無きを期すべし
二、機密事項を記註しある紙屑反故は焼却し塵箱等に投入すべからず

三、機密図書保管庫に図書を出納する際は其の都度図書名を確認し漫然と行う如き事あるべからず

第三項　私有圖書

第八十二條　校内及倶樂部ニ在リテハ許可ナクシテ教科書以外ノ書籍ヲ所持スベカラズ

第八十三條　教科書以外ノ所有書籍ハ査閲用紙ニ所要ノ記註ヲナシ之ヲ貼付シ且ツ當直監事室内ニ備付アル書籍査閲簿ニ記註シ分隊監事ノ査閲ヲ受ケ其ノ指示ニ從ヒ處理スベシ

教科書以外ノ私有書籍ハ其ノ内容如何ニヨリ左ノ區分ニ從ヒ指示セラルルヲ例トス

一、自習室　自習室ニ於テ随時閲讀スルコトヲ得ルモノ

二、時間外　自習室ニ於テ定時自習時間以外ニ閲讀スルコトヲ得ルモノ

三、閲覽室　閲覽室指定位置ニ格納シ倶樂部ニ於テ閲讀シ得ルモノ

四、倶樂部　倶樂部文庫ニ格納シ倶樂部ニ於テ閲讀シ得ルモノ

第八十四條　倶樂部ニ於テ閲讀ヲ欲スル書籍ハ前條ノ手續ニ依ルカ若シクハ左記手續ヲ執ルベキモノトス

倶樂部ニテ閲讀セント希望セル書籍アル時ハ同書名ヲ記シ分隊倶樂部係ヲ經テ毎週火曜日迄ニ生徒隊倶樂部係主任ノ下ニ提出、生徒隊倶樂部係主任ハ該査閲用紙ヲ取纒メ生徒隊附監事ノ査閲ヲ受ケ土曜日迄ニ同用紙ヲ返却各人ハ希望圖書購入ノ上倶樂部指定ノ査閲紙ヲ貼付之ヲ倶樂部文庫ニ收納スベキモノトス

第八十五條　閲讀ヲ許可セラレザル書籍ハ分隊監事ノ許可ヲ受ケ處分スベシ

第八十六條　日刊雜誌等ニシテ別ニ指定スルモノハ第八十三條及第八十四條ニ依ルコトナク所定場所ニ於テ閲讀スルコトヲ得（昭和十五年通達第四四一號）

但シ右ニ依ル倶樂部指定ノ書籍ハ一切校内ニ搬入スベカラズ

（附）通達第四四一號（昭和十五年）別紙

一、海軍雜誌

イ　海ト空　　ロ　海行カバ　　ハ　有終　　ニ　水交社記事

二、時局雜誌

イ　寫眞週報　　ロ　週報

三、科學雜誌

イ　科學書報　ロ　科學知識

四、通俗雑誌

イ　富士　ロ　日ノ出　ハ　現代　ニ　大洋　ホ　朝日グラフ　ヘ　相撲界

五、其ノ他

軍事ト技術

【現代かなづかい訳　第一章　第六節　第三項】

第三項　私有図書

第八十二條　校内及倶楽部に在りては許可なくして教科書以外の書籍を所持すべからず

第八十三條　教科書以外閲所有書籍は査閲用紙に所要の記註をなし之を貼付し且つ当直監事室内に備付ある書籍査閲簿に記註し分隊監事の査閲を受け其の指示に従い処理すべし

教科書以外の私有書籍は其の内容如何により左の区分に従い指示せらるるを例とす

一、自習室　自習室に於て随時閲読することを得るもの

二、時間外　自習室に於て定時自習時間以外に閲読することを得るもの

三、閲覧室　閲覧室指定位置に格納し倶楽部に於て閲読し得るもの

四、倶樂部　倶楽部文庫に格納し倶楽部に於て閲読し得るもの

第八十四條　倶楽部に於て閲読を欲する書籍は前條の手続に依るか若しくは左記手続を執るべきものとす

倶楽部にて閲読せんと希望せる書籍ある時は同書名を記し分隊倶楽部係を經て毎週火曜日迄に生徒隊倶楽部係主任の下に提出、生徒隊倶楽部係主任は該査閲用紙を取纏め生徒隊附監事の査閲を受け土曜日迄に同用紙を返却各人は希望図書購入の上倶楽部指定の査閲紙を貼付之を倶楽部文庫に収納すべきものとす

第八十五條　閲読を許可せられざる書籍は分隊監事の許可を受け処分すべし

第八十六條　日刊雑誌等にして別に指定するものは第八十三條及第八十四條に依ることなく所定場所に於て閲読することを得（昭和十五年通達第四四一号）

（附）通達第四四一号（昭和十五年）別紙

但し右に依る倶楽部指定の書籍は一切校内に搬入すべからず

一、海軍雜誌
イ　海と空　ロ　海行かば　ハ　有終　(二)　水交社記事
二、時局雜誌
イ　写真週報　ロ　週報
三、科学雜誌
イ　科学書報　ロ　科学知識
四、通俗雜誌
イ　富士　ロ　日の出　ハ　現代　ニ　大洋　ホ　朝日グラフ　ヘ　相撲界
五、其の他
軍事と技術

第四項　圖書閱覽室圖書

第八十七條　圖書閱覽室圖書ヲ借用セントスルトキハ左ノ規定ニ依ル

一、生徒閲覧室備付圖書ノ内學習上ノ参考書ニシテ特ニ指定セル圖書ハ借用票（所要事項ヲ記入）ヲ事務員ニ交付ノ上該圖書ヲ借用シ随時（日曜、祝祭日、記念日、公暇日ノ朝ノ自習時間ヲ除ク）閲讀スルコトヲ得

二、前項以外の生徒閲覧室備付圖書モ前項圖書ト同様ノ手續ニ依リ借用シ得ルモ定時自習時間ニハ閲讀スルヲ得ズ

但シ分隊監事ハ該圖書ノ借用ヲ禁ジ其ノ返却ヲ命ズルコトアリ

三、生徒閲覧室備付以外ノ圖書ハ圖書館ニ主任委員及分隊監事ノ許可ヲ得テ借用スルモノトス

【現代かなづかい訳　第一章　第六節　第四項】

第四項　図書閲覧室図書

第八十七條　図書閲覧室図書を借用せんとするときは左の規定に依る

一、生徒閲覧室備付図書の内学習上の参考書にして特に指定せる図書は借用票（所要事項を記入）を事務員に交付の上該図書を借用し随時（日曜、祝祭日、記念

日、公暇日の朝の自習時間を除く）閲読することを得

二、前項以外の生徒閲覧室備付図書も前項図書と同様の手続に依り借用し得るも定時自習時間には閲読するを得ず

但し分隊監事は該図書の借用を禁じ其の返却を命ずることあり

三、生徒閲覧室備付以外の図書は図書館に主任委員及分隊監事の許可を得て借用するものとす

第七節　短艇兵器被服其ノ他物品取扱

第一項　短艇

第八十八條　生徒隊所属短艇ヲ「カツター」及「ヨツト」トシテ之ヲ分隊ニ配屬ス詳細ハ其ノ都度定ム

第八十九條　短艇ハ各其ノ配屬ニ從ヒ受持分隊生徒ヲシテ保存整備ニ任セシム

第九十條　短艇保存整備ノ目的、生徒ヲシテ主トシテ所屬短艇及同要具ノ保存修理整頓ヲ實施セシムルト共ニ愛艇心及自治心ヲ養成シ將來短艇指揮タルベキ素養ヲ修得

セシムルニアリ

第九十一條　所属短艇修理箇所ヲ生ゼバ

一、修理ノ程度木具工業員又ハ他ノ兵員ヲ要スルモノニ在リテハ各分隊短艇係生徒ハ之ヲ短艇整備簿ニ記入シ之ガ補修ニ要スル材料及作業ニ要スル器具ノ種類数量ヲ自ラ見積リ記入シ分隊監事及短艇主任指導官ノ検印ヲ受ケ運用科長ノ閲覧ヲ経テ之ヲ定員隊監事ニ提出スベシ

二、小修理ニ對シテハ所要ノ材料及要具ヲ請求シ之ガ供給貸與ヲ受ケ生徒自ラ随時之ガ修理ヲ行フモノトス

第九十二條　生徒ハ大掃除ノ際短艇係生徒指揮ノ下ニ所属短艇手入及洗方ニ従事シ且ツ請求物品ヲ受取リ生徒ニテナスベキ短艇及同要具ノ補修整頓ヲ實施ス又毎水曜日日課手入時分隊三名宛當番トナリ洗方ヲ行フ

第九十三條　短艇同要具ヲ破損亡失シタル時ハ速ニ之ヲ該短艇所属分隊短艇係生徒（機動艇ニ在リテハ擔任教官）ニ通報（報告）スルト共ニ其ノ責任者ハ短艇毀損簿ニ破損亡失スルニ至リタル原因處置竝ニ所見ヲ記シ短艇主任指導官（擔任教官）、自己所属分隊監事、運用科長ノ閲覧ヲ經テ定員隊監事ニ提出スベシ

第九十四條　伍長及短艇係交代ノ際ハ短艇整備簿ヲ参照シ短艇ノ現狀ヲ明カニシ次番

ノモノニ引繼ギ常ニ所屬短艇ノ現狀ニ注意ヲ拂フヲ要ス

第九十五條　短艇ヲ使用スル場合ハ左記ニヨル

一、定時外諸短艇ヲ使用セントスル者ハ部當直監事ニ届ケ當直將校ニ願出デ艇札ヲ受取リ之ヲ兵舍副直將校ニ差出シ所要ノ指示ヲ受クベシ

二、生徒隊所屬ノ短艇ヲ使用セントスル際ハ使用ノ前後ニ於テ受持分隊短艇係ニ申シ出ヅルモノトス但シ課業時ハ終了後ノミトス

第九十六條　「カツター」ヲ「ダビツト」ニ揚收スル場合艇首ノ方向ハ左記ニ依ルモノトス

奇數月　　艇首北
偶數月　　艦首南

【現代かなづかい訳　第一章　第七節　第一項】

第七節　短艇兵器被服其の他物品取扱

第一項　短艇

第八十八條　生徒隊所属短艇を「カッター」及「ヨット」として之を分隊に配属す
詳細は其の都度定む
第八十九條　短艇は各其の配属に従い受持分隊生徒をして保存整備に任せしむ
第九十條　短艇保存整備の目的、生徒をして主として所属短艇及同要具の保存修理整頓を実施せしむると共に愛艇心及自治心を養成し将来短艇指揮たるべき素養を修得せしむるにあり
第九十一條　所屬短艇修理箇所を生ぜば
一、修理の程度木具工業員又は他の兵員を要するものに在りては各分隊短艇係生徒は之を短艇整備簿に記入し之が補修に要する材料及作業に要する器具の種類数量を自ら見積り記入し分隊監事及短艇主任指導官の検印を受け運用科長の閲覧を経て之を定員隊監事に提出すべし
二、小修理に対しては所要の材料及要具を請求し之が供給貸与を受け生徒自ら随時之が修理を行うものとす
第九十二條　生徒は大掃除の際短艇係生徒指揮の下に所属短艇手入及洗方に従事し且つ請求物品を受取り生徒にてなすべき短艇及同要具の補修整頓を実施す又毎水曜日日課手入時分隊三名宛当番となり洗方を行う

第九十三条　短艇同要具を破損亡失したる時は速に之を該短艇所属分隊短艇係生徒（機動艇に在りては担任教官）に通報（報告）すると共に其の責任者は短艇毀損簿に破損亡失するに至りたる原因処置竝に所見を記し短艇主任指導官（担任教官）、自己所属分隊監事、運用科長の閲覧を経て定員隊監事に提出すべし

第九十四条　伍長及短艇係交代の際は短艇整備簿を参照し短艇の現状を明かにし次番のものに引継ぎ常に所属短艇の現状に注意を払うを要す

第九十五条　短艇を使用する場合は左記による

一、定時外諸短艇を使用せんとする者は部当直監事に届け当直将校に願出で艇札を受取り之を兵舎副直将校に差出し所要の指示を受くべし

二、生徒隊所属の短艇を使用せんとする際は使用の前後に於て受持分隊短艇係に申し出づるものとす但し課業時は終了後のみとす

第九十六条　「カッター」を「ダビット」に揚収する場合艇首の方向は左記に依るものとす

奇數月　　艇首北

偶數月　　艦首南

第二項　兵器

第九十七條　兵器ヲ亡失毀損シ又ハ其ノ缺損ヲ發見シタル時ハ分隊監事ヲ經テ當該主管者ニ届ケ出ヅベシ但シ演習教練若ハ課業中兵器ヲ亡失毀損シタル時先ヅ速ニ當時ノ教官若ハ監督者ニ届ケ出ヅベシ

第九十八條　兵器ノ修理交換ヲ要スルモノハ各分隊備付ノ兵器修理申出簿ニ記入シ現品ヲ添ヘ分隊監事ノ査閲ヲ受ケタル上之ヲ當該主管者ニ提出スルモノトス

【現代かなづかい訳　第一章　第七節　第二項】

第二項　兵器

第九十七條　兵器を亡失毀損し又は其の欠損を発見したる時は分隊監事を経て当該主管者に届け出づべし但し演習教練若(もしく)は課業中兵器を亡失毀損したる時先ず速に当時

の教官若は監督者に届け出づべし

第九十八條　兵器の修理交換を要するものは各分隊備付の兵器修理申出簿に記入し現品を添え分隊監事の査閲を受けたる上之を当該主管者に提出するものとす

第三項　被服

第九十九條　被服ノ交付若ハ給與ヲ受ケタル時ハ直ニ附圖第五圖ニ示ス如ク其ノ名標ニ氏名ヲ明記スベシ

第百條　被服ハ常ニ其ノ定數ヲ所持シ許可ナクシテ校外ニ持出シ他人ニ貸與シ交換若ハ讓渡スルコトヲ得ズ

定數外ニシテ不要ニ歸シタル被服ハ被服庫ニ納入スベシ

第百一條　生徒衣服箱及衣服棚ノ整頓要領ヲ第四圖ノ如ク定ム

第百二條　被服ヲ亡失シ又ハ毀損シテ修理ニ堪ヘザルニ至リタル時ハ生徒被服物品取扱手帳申出欄ニ記入シ分隊監事ヲ經テ生徒隊附監事ニ回付スベシ

第百三條　各分隊ニ被服及靴修理簿ヲ備フ各分隊被服係生徒ハ修理請求者ヲシテ之ニ

其ノ品名數量學年氏名ヲ記入セシメ毎週金曜日晝食後定所ニ於テ分隊監事指導ノ下ニ之ヲ點檢シ修理品ヲ差出スモノトス
至急修理ヲ要スルモノハ修理簿ノ欄外ニ「至急」ト記入スルモノトス
修理品ニ附スベキ紙片ハ特定ノモノヲ使用スベシ
第百四條　洗濯ニ出スベキ被服ハ洗濯袋ニ入レ其ノ品名數量ヲ明細ニ洗濯物受渡帳ニ記入ノ上之ヲ添ヘ指定日朝食後生徒館入口廊下ニ差シ出シ置クベシ
第百五條　被服靴ノ修理品ハ毎週金曜日晝食後雨天集合所廊下ニ於テ被服係ノ一般檢査終了後各分隊寢室ニ於テ之ヲ受取ルモノトス
第百六條　修理品及洗濯物ヲ受取リタル時ハ其ノ數量及修理洗濯ノ結果ヲ調査シ錯誤又ハ不良ナルモノアル時ハ被服係生徒ヲ經テ二日以内ニ分隊監事ニ屆ケ出ヅベシ
第百七條　被服ノ受取採寸修理品點檢及試着ハ各生徒館雨天集合所又ハ中央廊下ニ於テ之ヲ行フヲ例トス
第百八條　生徒被服物品取扱手帳ハ別ニ之ヲ定ム

【現代かなづかい訳　第一章　第七節　第三項】

第三項　被服

第九十九條　被服の交付若は給与を受けたる時は直に附図第五図に示す如く其の名標に氏名を明記すべし

第百條　被服は常に其の定数を所持し許可なくして校外に持出し他人に貸与し交換若は譲渡することを得ず

定数外にして不要に帰したる被服は被服庫に納入すべし

第百一條　生徒衣服箱及衣服棚の整頓要領を第四図の如く定む

第百二條　被服を亡失し又は毀損して修理に堪えざるに至りたる時は生徒被服物品取扱手帳中出欄に記入し分隊監事を経て生徒隊附監事に回付すべし

第百三條　各分隊に被服及靴修理簿を備う各分隊被服係生徒は修理請求者をして之に其の品名数量学年氏名を記入せしめ毎週金曜日昼食後定所に於て分隊監事指導の下に之を点検し修理品を差出すものとす

至急修理を要するものは修理簿の欄外に「至急」と記入するものとす
修理品に附すべき紙片は特定のものを使用すべし
第百四條　洗濯に出すべき被服は洗濯袋に入れ其の品名数量を明細に洗濯物受渡帳に記入の上之を添え指定日朝食後生徒館入口廊下に差し出し置くべし
第百五條　被服靴の修理品は毎週金曜日昼食後雨天集合所廊下に於て被服係の一般検査終了後各分隊寝室に於て之を受取るものとす
第百六條　修理品及洗濯物を受取りたる時は其の数量及修理洗濯の結果を調査し錯誤又は不良なるものある時は被服係生徒を経て二日以内に分隊監事に届け出づべし
第百七條　被服の受取採寸修理品点検及試着は各生徒館雨天集合所又は中央廊下に於て之を行うを例とす
第百八條　生徒被服物品取扱手帳は別に之を定む

第四項　其ノ他ノ物品

第百九條　教科書机寝臺運動服運動靴其ノ他ノ物品ヲ亡失毀損シ又ハ不具合ナルヲ發

見シタル時ハ所定ノ物品交付願用紙例規第十四號書式ニ記入シ毀損又ハ不具合ノ場合ニシテ取扱容易ナルモノハ現品ヲ添ヘ分隊監事ヲ經テ生徒隊倉庫又ハ企劃部事務室ニ提出スベシ亡失セル場合ハ右ニ依ル外供用物品紛失報告ヲ分隊監事ニ提出シ分隊監事ハ部監事ヲ經テ生徒隊監事ニ提出スベシ

第百十條　各分隊ニ月渡品請求簿ヲ備ヘ分隊渡タル學用品日用品請求ニ際シ使用セシム

第百十一條　敷布及枕覆ノ洗濯ニ關シ左ノ通定ム

一、洗濯ハ月二回ヲ標準トシ各指定日朝食后分隊毎ニ取纒メ雨天集合所ニ出スモノトス

二、各自ノ毎回差出個數ヲ敷布及枕覆各一トス

三、洗濯ニ差出ス際分隊被服係生徒ハ毎回ノ差出個數合計ヲ當直下士官ニ通知シ當直下士官ハ生徒隊倉庫員立會ノ下ニ數ヲ檢シ別ニ定ムル帳簿ニ之ヲ記録ス

【現代かなづかい訳　第一章　第七節　第四項】

第四項　其の他の物品

第百九條　教科書机寝台運動服運動靴其の他の物品を亡失毀損し又は不具合なるを発見したる時は所定の物品交付願用紙例規第十四号書式に記入し毀損又は不具合の場合にして取扱容易なるものは現品を添え分隊監事を経て生徒隊倉庫又は企画部事務室に提出すべし亡失せる場合は右に依る外供用物品紛失報告を分隊監事に提出し分隊監事は部監事を経て生徒隊監事に提出すべし

第百十條　各分隊に月渡品請求簿を備え分隊渡たる学用品日用品請求に際し使用せしむ

第百十一條　敷布及枕覆の洗濯に関し左の通定む

一、洗濯は月二回を標準とし各指定日朝食後分隊毎に取纏め雨天集合所に出すものとす

二、各自の毎回差出個数を敷布及枕覆各一とす

三、洗濯に差出す際分隊被服係生徒は毎回の差出個数合計を当直下士官に通知し当直下士官は生徒隊倉庫員立会の下に数を検し別に定むる帳簿に之を記録す

第八節　診察及治療

第一項　受診

第百十二條　初メテ診察ヲ受ケントスル生徒（齒科治療ヲ含ム）ハ受診票ニ所要事項ヲ記入シ定時診察室ニ至リ診察ヲ受クルモノトス

第百十三條　負傷及急病等ニヨリ臨時診察ヲ要スルモノハ随時部當直監事ノ許可ヲ得テ生徒館診察室ニ於テ診察ヲ受クルコトヲ得

第百十四條　受診患者ハ診察室ノ規程ヲ導守シ軍醫科士官ノ特ニ指示スル場合ノ外先着順ニ診察ヲ受クベシ
但シ休業患者ハ最後ニ診療ヲ受クルモノトス

第百十五條　受診者ハ診察前患者日誌ヲ受取リ受診の際之ヲ軍醫科士官ニ差出スベシ

第百十六條　患者ハ全治又ハ止療ノ指定アル迄ハ毎日（軍醫科士官指定ノ日毎ニ）受診スベシ　事故ノ爲定時ニ受診スルコト能ハザル場合ハ部當直監事ノ許可ヲ受クルヲ要ス

第八節　診察及治療

第一項　受診

第百十二條　初めて診察を受けんとする生徒（齒科治療を含む）は受診票に所要事項を記入し定時診察室に至り診察を受くるものとす

第百十三條　負傷及急病等により臨時診察を要するものは随時部当直監事の許可を得て生徒館診察室に於て診察を受くることを得

第百十四條　受診患者は診察室の規程を導守し軍医科士官の特に指示する場合の外先着順に診察を受くべし

但し休業患者は最後に診療を受くるものとす

第百十五條　受診者は診察前患者日誌を受取り受診の際之を軍医科士官に差出すべし

第百十六條　患者は全治又は止療の指定ある迄は毎日（軍医科士官指定の日毎に）受診すべし　事故の為定時に受診すること能（あた）わざる場合は部当直監事の許可を受くる

を要す

第二項　入室休業

第百十七條　入室、休業、外休等ヲ指定セラレタル患者ハ左記ニ依ル

一、入室、患者ハ所要ノ器具物品ヲ携帶シ病室ニ至ル但シ寢具ハ使丁ヲシテ運搬セシム

入室中ハ靜肅安靜ヲ旨トシ專ラ保養ニ努ムルハ勿論服藥治療飮食入浴運動面會ニ關シテハ軍醫科士官ノ指示ニ從フノ外左記ニ依ルベシ

㈠　左記ノ外書籍、飮食物、雜品等ヲ携入スベカラズ

日用品、教科書、圖書館ヨリ借用圖書、分隊監事點檢濟ノ圖書

㈡　運動時間ヲ左ノ通定ム

每日一二三〇ヨリ一五三〇迄

但シ日曜日其ノ他ノ休日ニハ〇九三〇ヨリ一五三〇迄

㈢　入室中通學ヲ命ゼラレタル時ハ指定時刻迄ニ講堂ニ赴キ授業終ラバ速ニ病室

ニ歸ルモノトス

(四) 入室及退室ノ際ハ部當直監事及當直軍醫科士官ニ届クルモノトス

(五) 入室中ノ先任生徒（其ノ任ニ耐エ得ル健康生徒）ハ軍醫科士官ノ命ヲ承ケ入室生徒ノ軍紀風紀ノ維持ニ任ズベシ

二、休業、課業訓練體育自習其ノ他作業ニ出席スルコトナク部當直監事ニ届ケ生徒館休業室ニ就寢靜養スルモノトス

服薬治療飲食等ニ關シテハ當直軍醫科士官ノ指示ヲ承ケ入室患者ニ準ズルノ外左記ニ依ルベシ

(一) 日用品教科書以外ヲ携入スベカラズ

(二) 寢衣ノ儘洗面所便所ニ赴クコトヲ得ルモ他ノ諸室ニ立入ルコトヲ得ズ

(三) 休業中ノ先任生徒（其ノ任ニ耐エ得ル健康生徒）及生徒隊週番生徒ハ當直監事及當直軍醫科士官ノ命ヲ承ケ休業生徒ノ軍紀風紀ノ維持ニ任ズベシ

三、外休、座學及自習ニハ出席スルモ訓練體育外業其ノ他作業ハ出席セズ又外出スルコトヲ得ズ

但シ (一) 諸儀式點検等ニハ分隊監事ノ許可ヲ得テ出席セザルコトヲ得

(二) 「外休（、、、、許可）」ハ許可セラレタル訓練及體育ニ従事スル外外

休ニ同ジ

㈢　外休患者ハ左腕ニ緑布（巾六十粍）ヲ纏フベシ

四、外見、課業、外業ニハ出席シ訓練ハ特別訓練ヲ行ヒタル後所屬部ノ訓練ヲ見學スルモノトス

「外見（特別訓練止）」ハ附近ニ於テ見學ス

「外見（……許可）」許可セラレタル教練體育ニ從事スルノ外一般外見ニ同ジ

「……（武道、短艇等）止」ハ當該訓練作業ニ關シテノミ外見ニ同ジ

外見患者ハ左腕ニ綠布（巾三十粍）ヲ纏フベシ

五、酒保飲食止、酒保ニ於テ飲食スルコトヲ得ズ又外出スルコトヲ得ズ

六、略靴（脱靴）外出スルコトヲ得ズ

略靴ノ型式ヲ第一種（踵ノ無キモノ）及第二種（足先革ノ無キモノ）トシテ軍醫科士官ノ指定ニ依リ使用スルモノトス

軍醫科士官ノ特ニ指定シタル者ハ略靴ノ代リニ草履ヲ用フルコトヲ得又雨天ノ際ハ略靴代リニ護膜長靴ヲ使用スルコトヲ得略靴及護膜長靴ハ部週番生徒室ニ備ヘ部週番生徒ヲシテ之ガ保管貨與ニ任ゼシム

（註）前記五、六、ハ三、四等ト同時ニ指定スルコトアルベシ

第百十八條　患者轉地療養、入院又ハ前條ノ指定ヲ受ケタルトキハ伍長ヲ通ジ分隊監事ニ課業ニ關係セル指定ヲ受ケタルトキハ同時ニ班長ニ之ヲ屆ケ出ヅベシ

第百十九條　外休及特ニ指定ヲ受ケ教練體育其ノ他外業ニ參加セザルモノハ者其ノ間自習室ニ在リテ自習ニ從事スベシ

【現代かなづかい訳　第一章　第八節　第二項】

第二項　入室休業

第百十七條　入室、休業、外休等を指定せられたる患者は左記に依る

一、入室、患者は所要の器具物品を携帯し病室に至る但し寝具は使丁(してい)をして運搬せしむ

入室中は静粛安静を旨とし専ら保養に努むるは勿論服薬治療飲食入浴運動面会に関しては軍医科士官の指示に従うの外左記に依るべし

(一)　左記の外書籍、飲食物、雑品等を携入すべからず

日用品、教科書、図書館より借用図書、分隊監事点検済の図書

(二) 運動時間を左の通定む
毎日一二三〇より一五三〇迄
但し日曜日其の他の休日には〇九三〇より一五三〇迄
(三) 入室中通学を命ぜられたる時は指定時刻迄に講堂に赴き授業終らば速に病室に帰るものとす
(四) 入室及退室の際は部当直監事及当直軍医科士官に届くるものとす
(五) 入室中の先任生徒（其の任に耐え得る健康生徒）は軍医科士官の命を承け入室生徒の軍紀風紀の維持に任ずべし

二、休業、課業訓練体育自習其の他作業に出席することなく部当直監事に届け生徒館休業室に就寝静養するものとす
服薬治療飲食等に関しては当直軍医科士官の指示を承け入室患者に準ずるの外左記に依るべし
(一) 日用品教科書以外を携入すべからず
(二) 寝衣の儘（まま）洗面所便所に赴くことを得るも他の諸室に立入ることを得ず
(三) 休業中の先任生徒（其の任に耐え得る健康生徒）及生徒隊週番生徒は当直監事及当直軍医科士官の命を承け休業生徒の軍紀風紀の維持に任ずべし

三、外休、座学及自習には出席するも訓練体育外業其の他作業は出席せず又外出することを得ず

但し㈠諸儀式点検等には分隊監事の許可を得て出席せざることを得

㈡「外休（、、、許可）」は許可せられたる訓練及体育に従事する外外休に同じ

㈢外休患者は左腕に緑布（巾六十粍）を纏うべし

四、外見、課業、外業には出席し訓練は特別訓練を行いたる後所属部の訓練を見学するものとす

「外見（特別訓練止）」は附近に於て見学す

「外見（……許可）」許可せられたる教練体育に従事するの外一般外見に同じ

「……（武道、短艇等）止」は当該訓練作業に関してのみ外見に同じ

外見患者は左腕に緑布（巾三十粍）を纏うべし

五、酒保飲食止、酒保に於て飲食することを得ず又外出することを得ず

六、略靴（脱靴）外出することを得ず

略靴の型式を第一種（踵の無きもの）及第二種（足先革の無きもの）として軍医科士官の指定に依り使用するものとす

軍医科士官の特に指定したる者は略靴の代りに草履を用うることを得又雨天の際は略靴代りに護膜(ゴム)長靴を使用することを得略靴及護膜長靴は部週番生徒室に備え部週番生徒をして之が保管貨与に任ぜしむ

第百十八条　患者転地療養、入院又は前條の指定を受けたるときは伍長を通じ分隊監事に課業に関係せる指定を受けたるときは同時に班長に之を届け出づべし

（註）前記五、六、は三、四等と同時に指定することあるべし

第百十九条　外休及特に指定を受け教練体育其の他外業に參加せざるものは者其の間自習室に在りて自習に従事すべし

第三項　特別訓練班

第百二十條　第四特別訓練班

外見訓練止等ニテ所定ノ訓練ヲ實施シ得ザル者ヲ以テ編制シ訓練開始時ヨリ短時間輕易ナル體操ヲ行フモノトス

右終ラバ所屬部ノ訓練ヲ見學ス

第百二十一條　第五特別訓練班

甲班　發病ノ虞アル生徒

乙班　病氣再發ノ虞アル生徒

ヲ以テ編制シ適度ノ訓練ヲ實施シ以テ健康ヲ恢復增進セシムルヲ目的トス　實施要領左ノ如シ

訓練別	朝食前	訓練時	日課其ノ他	備考
甲班				一、嚴冬訓練酷暑訓練特別訓練ニハ適宜其程度ヲ輕減シ之ニ參加セシム 二、各種競技ニハ參加セシメザルヲ例トス
乙班	一、歩行十五分間（順路生徒館前↓海岸↓兩側松並木↓八方園裏↓普通學講堂↓海岸 二、體操五分間	一、歩行五分間 二、右終ッテ十五分間體操 三、强度大ナラザルモノヲ實施シ情況ニ應ジ漸次强度ヲ增ス	通學及右訓練ニ參加スルノ外一般休業生徒ニ準ズ	

【現代かなづかい訳　第一章　第八節　第三項】

第三項　特別訓練班

第百二十條　第四特別訓練班
外見訓練止等にて所定の訓練を実施し得ざる者を以て編制し訓練開始時より短時間軽易なる体操を行うものとす
右終らば所属部の訓練を見学す
第百二十一條　第五特別訓練班
甲班　發病の虞（おそれ）ある生徒
乙班　病気再発の虞ある生徒
を以て編制し適度の訓練を実施し以て健康を回復増進せしむるを目的とす　実施要領左の如し
（原文参照）

第四項　分隊治療箱藥品其他

第百二十二條　分隊治療箱
輕易ナル外傷等手入ノ爲分隊ニ治療箱ヲ備フ
治療箱ハ寢室豫備衣服箱內ニ格納シ內容品ハ常ニ整備シ置クヲ要ス
第百二十三條　私有藥品ハ左記ノミ所持ヲ許可シ寢室衣服箱內ニ格納スベシ
わかもと　　エビオス　　胚芽
第百二十四條　生徒訓練其ノ他公務ニ基因シ負傷又ハ發病シタル場合ハ現證者（若ハ本人）ハ其ノ都度分隊監事若ハ當該作業指揮官ニ其ノ旨報告スベシ
第百二十五條　入室中又ハ入院中ノ生徒ニ面會スルニハ第九節第一項ノ規定ニ依ル

【現代かなづかい訳　第一章　第八節　第四項】

第四項　分隊治療箱薬品其他

第百二十二條　分隊治療箱

軽易なる外傷等手入の為分隊に治療箱を備う

治療箱は寝室予備衣服箱内に格納し内容品は常に整備し置くを要す

第百二十三條　私有薬品は左記のみ所持を許可し寝室衣服箱内に格納すべし

わかもと　エビオス　胚芽

第百二十四條　生徒訓練其の他公務に基因し負傷又は発病したる場合は現証者（若は本人）は其の都度分隊監事若は当該作業指揮官に其の旨報告すべし

第百二十五條　入室中又は入院中の生徒に面会するには第九節第一項の規定に依る

第九節　私事私物

第一項　面會

第百二十六條　生徒面會ハ特別事情アルモノヲ除キ許可セズ特別事情アルモノハ事前ニ面會許可願出簿（部直監事保管）ニ所要事項ヲ記註シ分隊監事ヲ經テ部監事ノ許

可ヲ受クベシ

第百二十七條　生徒面會ヲ許可セラレタル場合ハ部當直監事ヨリ面會許可「マーク」ヲ受領シ面會者ニ着ケシムベシ面會許可「マーク」ハ面會終了後歸校點檢迄ニ部當直監事ニ返却スベシ

第百二十八條　生徒ハ生徒面會所ニ於テ面會スベシ許可ヲ得ズシテ紊リニ之ヲ他所ニ誘引スベカラズ但シ日曜日四大節及外出時ハ許可セラレタル生徒面會人ハ校内觀覧ヲ許可ス此ノ場合ハ構内觀覧者取扱規程ヲ遵守スベシ

第百二十九條　生徒ハ許可ナクシテ面會人ヨリ金錢飲食物其ノ他一切受領スルヲ得ズ

第百三十條　入室中ノ生徒ニ面會セントスル生徒ハ左記ニヨルベシ

一、入室患者ニ面會セントスル者ハ部當直監事ノ許可ヲ受ケ入室患者面會證ヲ受取リ之ヲ病室當直軍醫科士官ニ提出シ其ノ指示ヲ受クベシ

二、面會ハ定所ニ於テナスベシ

三、面會時刻ヲ左ノ通定ム

毎日訓練體育終了後（日曜公暇日ハ外出時）ヨリ夕食十分前迄

【現代かなづかい訳　第一章　第九節　第一項】

第九節　私事私物

第一項　面会

第百二十六條　生徒面会は特別事情あるものを除き許可せず特別事情あるものは事前に面会許可願出簿（部直監事保管）に所要事項を記註し分隊監事を経て部監事の許可を受くべし

第百二十七條　生徒面会を許可せられたる場合は部当直監事より面会許可「マーク」を受領し面会者に着けしむべし面会許可「マーク」は面会終了後帰校点検迄に部当直監事に返却すべし

第百二十八條　生徒は生徒面会所に於て面会すべし許可を得ずして紊り（みだり）に之を他所に誘引すべからず但し日曜日四大節及外出時は許可せられたる生徒面会人は校内観覧を許可す此の場合は構内観覧者取扱規程を遵守すべし

第百二十九條　生徒は許可なくして面会人より金銭飲食物其の他一切受領するを得ず

第百三十條　入室中の生徒に面会せんとする生徒は左記によるべし

一、入室患者に面会せんとする者は部当直監事の許可を受け入室患者面会証を受取り之を病室当直軍医科士官に提出し其の指示を受くべし

二、面会は定所に於てなすべし

三、面会時刻を左の通定む

毎日訓練体育終了後（日曜公暇日は外出時）より夕食十分前迄

第二項　音信

第百三十一條　信書ハ左ノ時間中自習室ニ於テ認ムルモノトス

休憩時、土曜日、日曜日ノ夜ノ自習時間ノ後半斷間

第百三十二條　發信ニハ葉書ノミトシ部當直監事室ニ提出スベシ

寫眞、振替用紙及特許可セラレタルモノノミ封書（開キ封）ニテ發送スルコトヲ得

第百三十三條　發着信ハ分隊監事之ヲ檢閲ス

第百三十四條　信書、小包、特種郵便物等一切ノ郵便物ハ檢閲ノ有無ニ拘ラズ倶樂部

學校外ヨリ投函ヲ許サズ

第百三十五條　小包又ハ特種郵便物（電報、速達、書留）ヲ發送セントスル時ハ部當直監事ノ許可ヲ得テ當直下士官ニ差出スベシ

第百三十六條　各自ニ宛テタル信書ハ分隊監事檢閲後各生徒館玄關ノ定所ニテ之ヲ受取ラシム

又特種郵便物ハ其ノ氏名ヲ通知スルヲ以テ通知ヲ受ケタル本人ハ該通知票持參速ニ部當直監事ヨリ直接交付ヲ受ケ内容ノ檢閲ヲ受ケタル後部當直監事室ニ備付アル特種郵便物配達簿（生徒用）ニ記註捺印スベシ

第百三十七條　信書ノ宛名ニハ必ズ「海軍兵學校番號」ト明記スル様發送者ニ通信シ置クベシ

例　「廣島縣江田島

海軍兵學校一〇一

海野太郎殿」

第百三十八條　本校分校間ノ信書、小包等ノ發送ハ切手等ヲ使用スルコトナク當直下士官ニ差出スベシ　此ノ場合分隊監事ノ檢閲ヲ受ケザルコトヲ得

【現代かなづかい訳　第一章　第九節　第二項】

第二項　音信

第百三十一條　信書は左の時間中自習室に於て認むるものとす
休憩時、土曜日、日曜日の夜の自習時間の後半断間

第百三十二條　発信には葉書のみとし部当直監事室に提出すべし
写真、振替用紙及特許可せられたるもののみ封書（開き封）にて発送することを得

第百三十三條　発着信は分隊監事之を検閲す

第百三十四條　信書、小包、特種郵便物等一切の郵便物は検閲の有無に拘らず倶楽部
学校外より投函を許さず

第百三十五條　小包又は特種郵便物（電報、速達、書留）を発送せんとする時は部当
直監事の許可を得て当直下士官に差出すべし

第百三十六條　各自に宛てたる信書は分隊監事検閲後各生徒館玄関の定所にて之を受
取らしむ

又特種郵便物は其の氏名を通知するを以て通知を受けたる本人は該通知票持参速に部当直監事より直接交付を受け内容の検閲を受けたる後部当直監事室に備付ある特種郵便物配達簿（生徒用）に記註捺印すべし

第百三十七條　信書の宛名には必ず「海軍兵学校番号」と明記する様発送者に通信し置くべし

例　「廣島縣江田島
　　海軍兵学校一〇一
　　　海野太郎殿」

第百三十八條　本校分校間の信書、小包等の発送は切手等を使用することなく当直下士官に差出すべし　此の場合分隊監事の検閲を受けざることを得

第三項　軍刀

第百三十九條　生徒個人ノ軍刀ハ部當直監事室ノ軍刀格納箱内ニ格納スベシ

第百四十條　格納中ノ軍刀ノ手入ヲ爲サント欲スル者ハ土曜日總員訓練終了後部當直

監事ノ許可ヲ得テ部當直監事室ニ於テ行フベシ
第百四十一條　軍刀ハ紊リニ之ヲ抜刀スベカラズ

【現代かなづかい訳　第一章　第九節　第三項】

第三項　軍刀

第百三十九條　生徒個人の軍刀は部当直監事室の軍刀格納箱内に格納すべし
第百四十條　格納中の軍刀の手入を為さんと欲する者は土曜日総員訓練終了後部当直監事の許可を得て部当直監事室に於て行うべし
第百四十一條　軍刀は紊りに之を抜刀すべからず

第四項　金錢

第百四十二條　校內ニ在リテハ三圓以上ノ金錢ヲ所持スベカラズ　規定外ノ金額ハ生

徒預金取扱規程ニ依リ処理スベシ

第百四十三條　財布ハ貴重品格納箱ニ格納スベシ

第百四十四條　父兄等ヨリ直接送金ヲ受クルベカラズ振替用使シ生徒隊宛送金セシムベシ若シ直接送金ヲ受ケタル場合ハ速ニ所定（生徒預金取扱規程第二條第一號ノ四）ノ手續ヲナスベシ

第百四十五條　生徒ハ生徒隊監事ノ検印アルニアラザレパ郵便局ヨリ為替ヲ受取ルコトヲ得ズ

生徒預金取扱規程（抜萃）

第百四十六條　生徒ノ日常必要ナラザル金錢ハ本規程ニ従ヒ生徒隊ニ預入レシメ毎週一回定時ニ所要ノ金額ヲ受領セシム

第百四十七條　金錢ヲ出納セントスル場合ハ左ニ依ルベシ

一、預入

㈠　生徒隊ニ於テ生徒ノ送金ヲ接受シタルトキハ生徒送金取扱規程ニヨリ處理スルト同時ニ之ヲ本人ニ通知ス

㈡　生徒ハ右通知ニヨリ送金アリタルコトヲ承知セバ預金手簿ニ送金額ヲ記入シ毎週火曜日（送金整理日）定時點検迄ニ取纒メ分隊監事ニ提出スベシ分隊監

事ハ之ヲ査閲捺印ノ上一括生徒隊事務室ニ送付ス

㈢　生徒隊屬員ハ預金手簿記入ノ金額ニ誤ナキヲ調査シ捺印ノ上返却ス

㈣　父兄等ヨリ直接送金アリタルトキ又ハ休暇後預金ヲ願出ヅル場合ハ必ズ爲替券（印判持參）又ハ現金ヲ金高、分隊、學年及氏名ヲ記入シタル封筒（封緘セズ）ニ收メ預金手簿ト共ニ生徒隊事務室ニ持參スベシ、生徒隊ハ現金接受簿ニ金額、分隊、學年、氏名ヲ記入シ前號ニ準ジ處理スルモノトス

二、引出

㈠　生徒預金ヲ引出ス場合ハ預金手簿ニ月日引出額及殘金ヲ記入シ捺印ノ上木曜日定時點檢迄ニ伍長之ヲ取纏メ席次順ニ重ネ外出金額ヲ計上シ所定用紙ニ金額札割等ヲ記入シ之ヲ添ヘ分隊監事ニ提出スベシ分隊監事ハ之ヲ査閲捺印ノ上當日午前中ニ生徒隊事務室ニ送付ス

引出金ハ土曜日晝食後生徒隊當直監事監督ノ下ニ伍長預金手簿ト共ニ之ヲ受取リ生徒ニ交付スルモノトス

土曜日ガ公暇日等ニ相當スルトキハ前項ノ手續ハ順次一日繰リ上グ

預金引出額參圓以上ニ及フ時ハ理由ヲ附記スベシ

㈡　歸省轉地療養ノ爲臨時引出ヲ要スルトキハ其ノ旨ヲ附記シ分隊監事ニ申出テ

(三) 前項ニ準ジ手續ヲ行フベシ引出金ハ分隊監事ヲ經テ本人ニ交付スルモノトス

酒保拂ハ前項ニ準ジ左ノ通取扱フモノトス

イ 毎月第二水曜日預金引出シノ際酒保物品代計算表ニヨリ各自預金手簿ニ酒保拂ト其ノ他引出高トヲ左ノ様式ニヨリ記入スベシ

但シ其ノ他引出高ハ便宜上酒保拂ト其ノ他引出高トノ合計金額（引出總額）ガ必ズ五十錢單位トナル様計算シ記入スルモノトス

ロ 預金手簿ハ伍長之ヲ取纒メ名簿順ニ重ネ其ノ他引出高ノミヲ計算シ所定用紙ニ全額札割等ヲ記入ノ上酒保物品代計算表ト共ニ分隊監事ニ提出スルモノトス

ハ 酒保拂ハ生徒事ニ於テ各自記入ノ金額ヲ計上シタル後生徒隊預金口座ヨリ酒保預金口座ヘ繰替支拂フモノトス

ニ 分隊伍長ハ預金手簿提出前ニ金額札割及各自記入ノ酒保拂ト酒保物品代計算表トヲ對照シ金額ニ誤ナキヤヲ確ムベシ

生徒送金取扱規程略

生徒送金取扱細則略

（様　式）　　　　　　（記入例）

月	日	摘要	預金額		酒保拂ノ時使用欄 酒保拂		其他引出額		引出總額		殘額		生徒印	監事印
3	3	配　保　拂 短艇巡航用	25	000	5	380	2	120	7	500	17	500		
3	17	乘馬訓練時 入　　　用												

【現代かなづかい訳　第一章　第九節　第四項】

第四項　金銭

第百四十二条　校内に在りては三円以上の金銭を所持すべからず　規定外の金額は生徒預金取扱規程に依り処理すべし

第百四十三条　財布は貴重品格納箱に格納すべし

第百四十四条　父兄等より直接送金を受くるべからず振替用使し生徒隊宛送金せしむべし若し直接送金を受けたる場合は速に所定（生徒預金取扱規程第二条第一号の四）の手続をなすべし

第百四十五条　生徒は生徒隊監事の検印あるにあらざればぱ郵便局より為替を受取ることを得ず

生徒預金取扱規程（抜粋）

第百四十六条　生徒の日常必要ならざる金銭は本規程に従い生徒隊に預入れしめ毎週一回定時に所要の金額を受領せしむ

第百四十七条　金銭を出納せんとする場合は左に依るべし

一、預入

㈠ 生徒隊に於て生徒の送金を接受したるときは生徒送金取扱規程により処理すると同時に之を本人に通知す

㈡ 生徒は右通知により送金ありたることを承知せば預金手簿に送金額を記入し毎週火曜日（送金整理日）定時点検迄に取纏め分隊監事に提出すべし分隊監事は之を査閲捺印の上一括生徒隊事務室に送付す

㈢ 生徒隊属員は預金手簿記入の金額に誤なきを調査し捺印の上返却す

㈣ 父兄等より直接送金ありたるとき又は休暇後預金を願出づる場合は必ず為替券（印判持参）又は現金を金高、分隊、学年及氏名を記入したる封筒（封緘せず）に収め預金手簿と共に生徒隊事務室に持参すべし、生徒隊は現金接受

簿に金額、分隊、学年、氏名を記入し前号に準じ処理するものとす

二、引出

㈠　生徒預金を引出す場合は預金手簿に月日引出額及残金を記入し捺印の上木曜日定時点検迄に伍長之を取纏め席次順に重ね外出金額を計上し所定用紙に金額札割等を記入し之を添え分隊監事に提出すべし分隊監事は之を査閲捺印の上当日午前中に生徒隊事務室に送付す

引出金は土曜日昼食後生徒隊当直監事監督の下に伍長預金手簿と共に之を受取り生徒に交付するものとす

土曜日が公暇日等に相当するときは前項の手続は順次一日繰り上ぐ

預金引出額三円以上に及ぶ時は理由を附記すべし

㈡　帰省転地療養の為臨時引出を要するときは其の旨を附記し分隊監事に申出て前項に準じ手続を行うべし引出金は分隊監事を経て本人に交付するものとす

㈢　酒保払は前項に準じ左の通取扱うものとす

イ　毎月第二水曜日預金引出しの際酒保物品代計算表により各自預金手簿に酒保払と其の他引出高とを左の様式により記入すべし

但し其の他引出高は便宜上酒保払と其の他引出高との合計金額（引出総

額）が必ず五十銭単位となる様計算し記入するものとす

ロ　預金手簿は伍長之を取纒め名簿順に重ね其の他引出高のみを計算し所定用紙に全額札割等を記入の上酒保物品代計算表と共に分隊監事に提出するものとす

ハ　酒保払は生徒事に於て各自記入の金額を計上したる後生徒隊預金口座より酒保預金口座へ繰替支払うものとす

ニ　分隊伍長は預金手簿提出前に金額札割及各自記入の酒保払と酒保物品代計算表とを対照し金額に誤なきやを確むべし

生徒送金取扱規程略

生徒送金取扱細則略

第五項　飲食物

第百四十八條　如何ナル場合ト雖モ許可ナクシテ一切飲食物ヲ校内ニ持入ルベカラズ又父兄知人等ヨリ送付ヲ受ケサル如ク豫メ通知シオクベシ若シ小包等ヲ以テ送達セ

ラレタル飲食物ハ速ニ發送者ニ返送セシムルヲ例トス

第百四十九條　生徒ノ校内ニ於ケル飲食（官級外）許可時間、場所並ニ飲食物ノ種類左ノ通定ム

日	許可時間	場所	種類
外出許可日	外出許可時間内	養浩館内	一、生徒飲食物販賣所ニテ販賣スルモノ
其ノ他ノ日	特ニ許可セラレタル時間内	定所	二、特ニ分隊監事或ハ當直監事ノ許可ヲ得タルモノ

新入生徒入校教育期間中ハ飲食ヲ許可セザルヲ例トス

第百五十條　生徒ハ校ノ内外ヲ問ハズ外出及前飲食許可ノ際其ノ他特ニ許可セラレタル場合ノ外官給以外ノ飲食ヲ禁ズ

【現代かなづかい訳　第一章　第九節　第五項】

第五項　飲食物

第百四十八條　如何なる場合と雖も許可なくして一切飲食物を校内に持入るべからず

又父兄知人等より送付を受けざる如く予め通知しおくべし若し小包等を以て送達せられたる飲食物は速に発送者に返送せしむるを例とす

第百四十九修　生徒の校内に於ける飲食（官級外）許可時間、場所並に飲食物の種類左の通定む

新入生徒入校教育期間中は飲食を許可せざるを例とす

第百五十條　生徒は校の内外を問わず外出及前飲食許可の際其の他特に許可せられたる場合の外官給以外の飲食を禁ず

第六項　物品購買

第百五十一條　生徒ノ構内ニ於ケル物品ノ購買ハ左ノ要領ニ依ル

一、酒保ハ毎月各分隊ニ學年別酒保帳（各人別口座ヲ設ク）ヲ備フ

二、酒保物品ヲ購入セントスルトキハ自己ノ口座ニ所要物品名及數量ヲ記入シ更ニ傳票ニ同様記入酒保帳ニ挾ミ〇八〇〇マデニ各生徒館當直下士官室所定場所ニ差出スモノトス

三、酒保使用人ハ之ヲ受領ノ上校内酒保ニテ所要ノ物品ヲ整備シ一七〇〇ヨリ各生徒館雨天集合場ニ於テ當該分隊ニ引渡スモノトス物品受領ノ際ハ酒保帳ト照合シ誤ナキ様注意スベシ

第百五十三條　物品代償ハ拂戻所定ノ方法ニ依リ毎月月頭預金引出ノ際處理スベシ

第百五十三條　生徒ハ特ニ許可セラレタル場合ノ外集會所酒保ニ立入ルヲ得ズ

【現代かなづかい訳　第一章　第九節　第六項】

第六項　物品購買

第百五十一條　生徒の構内に於ける物品の購買は左の要領に依る

一、酒保は毎月各分隊に学年別酒保帳（各人別口座を設く）を備う

二、酒保物品を購入せんとするときは自己の口座に所要物品名及数量を記入し更に伝票に同様記入酒保帳に挾み〇八〇〇までに各生徒館当直下士官室所定場所に差出すものとす

三、酒保使用人は之を受領の上校内酒保にて所要の物品を整備し一七〇〇より各生

徒館雨天集合場に於て当該分隊に引渡すものとす物品受領の際は酒保帳と照合し誤なき様注意すべし

第百五十三條　物品代償は払戻所定の方法に依り毎月月頭預金引出の際処理すべし

第百五十三條　生徒は特に許可せられたる場合の外集会所酒保に立入るを得ず

第七項　其ノ他

第百五十四條　生徒私有ノ「トランク」ハ物品格納庫ニ格納シ寝室其ノ他ニ之ヲ放置スベカラズ

第百五十五條　時計其ノ他貴重品ハ登錄ノ上貴重品箱ニ格納スベシ

第百五十六條　樂器類ハ一切分隊監事ノ許可ナクシテ之ヲ校内ニ持込ムベカラズ

【現代かなづかい訳　第一章　第九節　第七項】

第七項　其の他

第百五十四條　生徒私有の「トランク」は物品格納庫に格納し寝室其の他に之を放置すべからず

第百五十五條　時計其の他貴重品は登録の上貴重品箱に格納すべし

第百五十六條　楽器類は一切分隊監事の許可なくして之を校内に持込むべからず

第二章　敬禮及服装

第一節　敬禮

第百五十七條　敬禮ニ關シテハ海軍禮式令及海軍軍屬禮式ニ據ルノ外本章ノ定ムル所ニ依ル

第百五十八條　御在學中（御準備教育中ヲ含ム）ノ皇族ニ對シテハ一般生徒ニ準ジ敬禮ヲ行フ

第百五十九條　教務、教練體育中校長副校長ニ對シテハ教官（指導官）ノミ敬禮ス
右以外ノ本校職員ニ對シテハ敬禮ヲ略スルヲ例トス

第百六十條　生徒ハ本校在職ノ海軍高等文官及教授囑記ニ對シテハ左記ニ依リ敬禮ヲ行フベシ

一、各個ノ場合ハ海軍士官ニ準ズ

二、隊伍ヲ組ミタル時

(一) 校内（官舎區域ヲ除ク）ニ於テハ制服着用ノ准士官以上ニ準ズ

(二) 右以外ノ場合隊長ノミ敬禮ヲ行フ

第百六十一條　生徒ハ本校在職ノ助教囑託教員ニ對シテハ校ノ内外ヲ問ハズ上級者ニ對スル敬禮ヲ行フベシ

第百六十二條　生徒ハ下士官教員ニ對シテハ校内限リ上級者ニ對スル敬禮ヲ行フベシ

第百六十三條　生徒、本校勤務下士官（教員ヲ含ム）及兵相互ノ敬禮ハ校内ニ於テハ總員起床ヨリ朝食迄ノ外之ヲ省略スルコトヲ得

第百六十四條　生徒館内ニ在リテハ生徒對本校勤務下士官（下士官教員ヲ含ム）及兵ノ敬禮ハ朝食前ト雖モ省略スルコトヲ得

第百六十五條　短艇ニ在リテハ上官乘退艇ノ際ハ現ニ短艇指揮及艇長タル者敬禮ヲ行フベシ

第百六十六條　生徒集合シタル場合ノ敬禮ハ特令アル時ノ外當直週番生徒ノ令ニ依リ之ヲ行フ

第百六十七條　講堂（教室）ニ於テ教官臨場退場ノ際ハ號令者ノ「氣ヲ付ケ」ノ令ニテ一同起立シ續テ「敬禮」ノ令ニテ敬禮ヲ行フ

第百六十八條　室外ニ於テ教務、教練若ハ體育始終ノ際ハ教官（指導官）ニ對シ敬禮ヲ行フベシ

第百七十條　道場ニ於ケル體育ノ始終ニ際シテハ所定ノ位置ニ整列シ指揮者ノ令ニヨ

（參考）

狀況	敬禮	記事
一、「總衞兵禮式」整列後衞兵隊ノ上官ニ對スル敬禮	軍隊ノ敬禮ハ行ハズ停止中校長（監事長）ニ對シテハ衞兵副司令ハ「氣ヲ付ケ」注目ヲシ令シテ體ノ上部ヲ少シク前ニ傾ク	整列以後ハ儀式中ト見做ス
二、御寫直奉拜等ノ場合屋外ニ待機シ居ル時ノ敬禮	行ハズ	（禮）六　儀式祭典等施行中ノモノト見做ス
三、室內ニ於ケル執銃ノ場合ノ敬禮	室外ノ敬禮ニ同ジ	（禮）二十五
四、教練體育ノ有志練習ノ場合	時機ヲ得次第行フ	
五、駈歩ニテ登山練習ノ場合	駈歩ノ儘トシ指揮者ハ其ノ旨ヲ申告敬禮ヲ行フ	禮附則及（禮）二十三
六、校外ニ於テ教官監督ノ下ニ生徒ガ隊長タル場合	生徒指揮官トシテノ敬禮ヲ行フ	教官ハ部隊外トス
七、途歩行進中ノ敬禮	指揮官ノミ敬禮ス「歩調取レ」ヲ要セズ軍隊衞兵其ノ他敬意ヲ表スベキ人ニ對シテハ軍歌談話ヲ止ム	（禮）九十六
八、校外ニ於ケル訓練作業ニ於テ現ニ作業ニ從事シ居ラザル場合（往復途上及監的ノ往復等）	行フ　但シ生徒相互ニ於テハ行ハズ	

九、特別作業其ノ他ニ依リ總員起床前起床シ居ル者ノ場合	總員起床後ニ準ズ	
一〇、同級者ニシテ先後任不明ナル教官二人以上在室ノ場合	主客ノ不明ナル時ハ直ニ一同ニ敬禮ヲ行フ	
一一、自習時中ノ自習室ニ於ケル敬禮	行フ	
一二、定時自習中軍艦旗掲降ノ場合	起立姿勢ヲ正ス	
一三、中山、永岡、本田、浦上、西澤囑託（奏任官待遇）ニ對スル場合	海軍教授ニ同ジ	
一四、定時點檢等ニ於テ號令官ガ申告ヲナス場合	敬禮ノ儘行フ（簡單ナル申告ノ際）	
一五、右手不隨ノ場合室外ノ敬禮	頭ヲ傾ケテ注目體ノ上部ヲ少シク前ニ傾ク	（禮）四十
一六、上官ノ居室	不在ノ時ハ敬禮ヲ要セズ	上官居室トハ上官在中ノ室ノ意
一七、執銃駈歩中ノ敬禮	速歩ニテ歩調ヲ取リ頭ヲ向ケ注目、急ヲ要スル時ハ「駈走」ノ儘	（禮）四十二（禮）二十三
一八、奉安殿ニ對スル敬禮	脱帽、室内ノ敬禮	神前ニ準ズ
一九、戰死者ノ遺骨ニ遇ヒタル時ノ敬禮	擧手注目	
二〇、上官短艇ニ乘退艇ノ場合	艇指揮艇長ノミ起立敬禮艇員外ノ乘艇者ハ各個ノ敬禮ヲ行フ	

二一、教官生徒何レカ一方室內ニ他ハ室外ニアル場合	行フ	
二二、小銃手入中棒銃出來ザル場合	頭ヲ傾ケ注目體ノ上部ヲ少シク前ニ傾ク	（禮）四十二ニ準ズ
二三、私服ノ教官ニ對スル部隊ノ敬禮	指揮官ノミ敬禮ヲ行フ但シ長劍ノ敬禮ヲ行ハズ	（禮）二十三
二四、教員識別不明ナル下士官ニ對スル敬禮	教員ト見做シ朝食前ニ於テハ敬禮ヲ行フ	（禮）二十一ニ準ズ
二五、教官ノ代リニ教員ガ授業ヲナス場合ノ敬禮始	始終ニ於テ　姿勢ヲ正サシメ（「氣ヲ付ケ」ヲ令ス）號令者ノミ敬禮ヲ行フ	（例）校內限リ上級者ニ對スル敬禮
二六、執銃ノ場合生徒相互ノ敬禮	停止間ハ立銃姿勢ヲ正ス行進中ハ一五ニ準ス	
二七、上官居室ニ來リ又ハ居室ヲ退去スル際	要スレバ最初ニ認メタル者ハ「敬禮」ト呼ビテ注意ヲ喚起ス	
二八、大掃除、室內掃除、校庭手入中等	室外（廊下ヲ含ム）ニ於テハ差支ナキ限リ行フヲ例トス、但シ生徒相互ニ於テハ省略ス	
二九、室內點檢中點檢當番ノ附近ヲ上官通行スル時	室直長（先任者）ノミ敬禮ヲ行フ	
三〇、同時ニ二人以上ノ上官ニ對スル場合	最上級者ノミニ對シテ敬禮ヲ行フ	
三一、教練體育ヲ見學中ノ外休外見患者等ノ面前ヲ上官通行スル場合	行フヲ例トス	
三二、上官ト應對スル場合	着席中ハ起立スルヲ要ス	但シ自習時間中ヲ除ク

三三、「食事」「整列」等ノ喇叭ニ依リ動作中上官ニ對スル敬禮	行ハザルヲ例トス	但シ食事ノ號音ニ依リ食堂ニ入ル時等ノ如ク動作迅速齊一ニ行フヲ得ザル場合ハ行フモノトス
三四、總員起床ヨリ室直開始迄及室直要具復舊中	生徒相互ニ於テハ駈走ノ儘行フ事ヲ得	（禮）二十三ニ依リ駈走ノ事由ヲ申告スベキ處特ニ之ヲ省略ス
三七、相撲訓練時ノ敬禮	訓練開始直前（砂ヲ擴ゲタル後）及訓練終了後（砂ヲ盛リ土俵ヲ清掃シタル後）土俵ノ周圍ニ立チ係生徒ノ令ニテ敬禮ヲ行フ	
三八、總員起床後朝食前ニ於ケル所屬分隊自習室、寢室內ノ敬禮	生徒相互ニ於テハ省略スルコトヲ得	

（禮）第三十二條各個室內ノ敬禮ニ於テ

教練授業又ハ作業中ノ敬禮ハ教官又ハ監督者ノミ之ヲ行フヲ例トス但シ特ニ必要ト認ムル時ハ教官又ハ監督者ハ「敬禮」ト呼ビ在室者ヲシテ起立シテ敬禮ヲ行ハシムルコトヲ得

（禮）附則教練作業ノ場合ニ於ケル禮式ニ於テ

教練授業中ノ者ハ各個ノ敬禮ハ之ヲ行ハザルヲ例トシ又作業中ノ者ニハ監督者ニ於テ必要ニ依リ敬禮ヲ省略セシムルコトヲ得但シ特ニ規定アル場合ハ此ノ限リニ非ズ

リ指揮官ニ敬禮ヲ行フベシ

但シ指揮官必要ト認ムル場合ハ敬禮法ヲ變更スルコトヲ得

第百七十一條　定時自習中ハ特令アルニアラザレバ敬禮ヲ行フニ及バズ

【現代かなづかい訳　第二章　第一節】

第二章　敬礼及服装

第一節　敬礼

第百五十七條　敬礼に関しては海軍礼式令及海軍軍属礼式に拠るの外本章の定むる所に依る

第百五十八條　御在学中（御準備教育中を含む）の皇族に対しては一般生徒に準じ敬礼を行う

第百五十九條　教務、教練体育中校長副校長に対しては教官（指導官）のみ敬礼す
右以外の本校職員に対しては敬礼を略するを例とす

第百六十條　生徒は本校在職の海軍高等文官及教授嘱託に対しては左記に依り敬礼を行うべし

一、各個の場合は海軍士官に準ず

二、隊伍を組みたる時

㈠　校内（官舎区域を除く）に於ては制服着用の准士官以上に準ず

㈡　右以外の場合隊長のみ敬礼を行う

第百六十一條　生徒は本校在職の助教嘱託教員に対しては校の内外を問わず上級者に対する敬礼を行うべし

第百六十二條　生徒は下士官教員に対しては校内限り上級者に対する敬礼を行うべし

第百六十三條　生徒、本校勤務下士官（教員を含む）及兵相互の敬礼は校内に於ては総員起床より朝食迄の外之を省略することを得

第百六十四條　生徒館内に在りては生徒対本校勤務下士官（下士官教員を含む）及兵の敬礼は朝食前と雖（いえど）も省略することを得

第百六十五條　短艇に在りては上官乗退艇の際は現に短艇指揮及艇長たる者敬礼を行うべし

第百六十六條　生徒集合したる場合の敬礼は特令ある時の外当直週番生徒の令に依り之を行う

第百六十七條　講堂（教室）に於て教官臨場退場の際は号令者の「気を付け」の令にて一同起立し続て「敬礼」の令にて敬礼を行う

第百六十八条　室外に於て教務、教練若は体育始終の際は教官（指導官）に対し敬礼を行うべし

第百七十条　道場に於ける体育の始終に際しては所定の位置に整列し指揮者の令により指揮官に敬礼を行うべし

但し指揮官必要と認むる場合は敬礼法を変更することを得

第百七十一条　定時自習中は特令あるにあらざれば敬礼を行うに及ばず

第二節　服装

第百七十二条　通常禮装ヲナスベキ場合概ネ左ノ如シ

一、一月一日、一月二日、祝祭日

二、卒業式、迎送式、始業式、入校式、分隊點検

三、外出

四、會葬

五、其ノ他特令アル場合

（備考）一、日曜其ノ他ノ公暇日（一月一日、一月二日、元始祭、紀元節、天長節、明治節ヲ除ク）ニ於テ外出スル場合ニハ普通外出區域内限リ軍装ヲナスコトヲ得

二、右ノ場合遊歩區域内（養浩館ヲ含ム）限リ事業服ヲ着用スルコトヲ得

第百七十三條　軍装ヲナスベキ場合左ノ如シ

一、夕食後ヨリ就寝迄但シ冬季起床時ヨリ朝食時迄軍装ヲ着用セシムルコトアリ

二、記念式、命課告達式、監事長以上ノ生徒館點検

三、特ニ軍醫科士官ノ指定セル患者

四、服喪中及父母ノ命日（作業等ノ都合ニ依リ當日ノ服装トナサシムル事アリ）

五、特令アル時

第百七十四條　前條以外ノ諸點検儀式ハ當日ノ服装トス

第百七十五條　事業服ハ第百七十二條第百七十三條ノ場合ヲ除キ冬季ハ起床後ヨリ夕食事終ル迄夏季ハ晝夜ヲ通ジ着用セシム

第百七十六條　日曜其ノ他公暇日（一月一日、一月二日、元始祭、紀元節、天長節、明治節ヲ除く）ニ於テ短艇作業、野外行軍、登山ヲナサントスル際ハ事業服其ノ他

規定ノ服装ヲナスコトヲ得　但シ野外行軍、登山及乗馬ヲ行フ場合ハ脚絆ヲ着シ水筒ヲ携帯スルモノトス

第百七十七條　軍装及事業服着用ノ時ハ學年胸章ヲ附着スベシ（第六圖）

學年胸章ハ右胸乳直上ニ着スベシ

第百七十八條　夏衣袴ハ夏季服装着用期間中通常禮装及軍装ヲ用フベキ場合ニ着用ス

第百七十九條　通常禮装ヲナストキハ編上靴白「シヤツ」及布襟ヲ用ヒ軍装ヲナストキハ白「シヤツ」ヲ用キズ襦袢及布襟ヲ用フベシ

第百八十條　事業服ヲ着用スルトキハ襦袢ヲ用フベシ

第百八十一條　外套ハ防寒ノ爲用フルヲ例トスルモ雨雪其ノ他必要ノ際用フルコトアルベシ

但シ外套ヲ防寒ノ爲着用スルトキハ頭巾ヲ附セズ又襟ヲ立テザルモノトス

外套ヲ雨雪ノトキ時用フルトキハ構内ニ限リ肩章ヲ用ヒザルコトヲ得

第百八十二條　雨衣ハ雨雪ノ時用フ

第百八十三條　短劍ハ點検、儀式及外出ノ時ニ限リ佩用スベシ

第百八十四條　防寒ノ爲外套着用及手袋使用ノ期間（十二月一日ヨリ翌年三月十五日迄）ハ氣候ノ塞暖ニヨリ變更スルコトアルベシ

但シ軍醫科士官其ノ使用ヲ許可シタルモノニ對シテハ此ノ限リニアラズ
第百八十五條　儀式、點檢ニ於テ通常禮装着用ノ場合ニハ勲章記章ヲ佩用スベシ
第百八十六條　分隊點檢、遙拝式、入校式、記念式ノ場合ハ第七類競技褒賞規程第八條ニヨル賞牌ヲ佩用スベシ
第百八十七條　外休、外見中ノ者ハ冬季總員起床時ヨリ朝食事終ルマデ軍装ヲ着用スルモノトス
第百八十八條　通常禮及軍装ニハ靴下止ヲ使用スルヲ例トス
第百八十九條　本節中事業服ヲ着用スベキ場合監事長ノ指定ニ依リ陸戰服ヲ着用スルコトヲ得
第百九十條　生徒陸戰服又ハ事業服ヲ着用スル場合ハ陸戰帽ヲ用フベシ

【現代かなづかい訳　第二章　第二節】

第二節　服装

第百七十二条　通常礼装をなすべき場合概ね左の如し

一、一月一日、一月二日、祝祭日
二、卒業式、迎送式、始業式、入校式、分隊点検
三、外出
四、会葬
五、其の他特令ある場合
（備考）一、日曜其の他の公暇日（一月一日、一月二日、元始祭、紀元節、天長節、明治節を除く）に於て外出する場合には普通外出区域内限り軍装をなすことを得
二、右の場合遊歩区域内（養浩館を含む）限り事業服を着用することを得

第百七十三條　軍装をなすべき場合左の如し
一、夕食後より就寝迄但し冬季起床時より朝食時迄軍装を着用せしむることあり
二、記念式、命課告達式、監事長以上の生徒館点検
三、特に軍医科士官の指定せる患者
四、服喪中及父母の命日（作業等の都合に依り当日の服装となさしむる事あり）
五、特令ある時

第百七十四條　前條以外の諸点検儀式は当日の服装とす

第百七十五條　事業服は第百七十二條第百七十三條の場合を除き冬季は起床後より夕食事終る迄夏季は昼夜を通じ着用せしむ

第百七十六條　日曜其の他公暇日（一月一日、一月二日、元始祭、紀元節、天長節、明治節を除く）に於て短艇作業、野外行軍、登山をなさんとする際は事業服其の他規定の服装をなすことを得　但し野外行軍、登山及乗馬を行う場合は脚絆を着し水筒を携帯するものとす

第百七十七條　軍装及事業服着用の時は学年胸章を附着すべし（第六図）学年胸章は右胸乳直上に着すべし

第百七十八條　夏衣袴は夏季服装着用期間中通常礼装及軍装を用うべき場合に着用すべし

第百七十九條　通常礼装をなすときは編上靴白「シヤツ」及布襟を用い軍装をなすときは白「シヤツ」を用いず襦袢及布襟を用うべし

第百八十條　事業服を着用するときは襦袢を用うべし

第百八十一條　外套は防寒の為用うるを例とするも雨雪其の他必要の際用うることあるべし

但し外套を防寒の為着用するときは頭巾を附せず又襟を立てざるものとす

外套を雨雪のとき時用うるときは構内に限り肩章を用いざることを得

第百八十二條　雨衣は雨雪の時用う

第百八十三條　短剣は点検、儀式及外出の時に限り佩用すべし

第百八十四條　防寒の為外套着用及手袋使用の期間（十二月一日より翌年三月十五日迄）は気候の塞暖により変更することあるべし

但し軍医科士官其の使用を許可したるものに対しては此の限りにあらず

第百八十五條　儀式、点検に於て通常礼装着用の場合には勲章記章を佩用すべし

第百八十六條　分隊点検、遙拝式、入校式、記念式の場合は第七類競技褒賞規程第八條による賞牌を佩用すべし

第百八十七條　外休、外見中の者は冬季総員起床時より朝食事終るまで軍装を着用するものとす

第百八十八條　通常礼及軍装には靴下止を使用するを例とす

第百八十九條　本節中事業服を着用すべき場合監事長の指定に依り陸戦服を着用することを得

第百九十條　生徒陸戦服又は事業服を着用する場合は陸戦帽を用うべし

第三章　部署

第一節　防火部署

第一項　構内火災

第百九十一條　本部署ノ要旨トスル所ハ速ニ火災ヲ消滅シテ災害ヲ最小限度ニ止ムルニアリ

第百九十二條　構内ニ火災アルヲ發見シタルモノハ速ニ之ヲ當直將校ニ報ズルト同時ニ其ノ附近ニアルモノニ知ラシメ極力消防ニ努メ防火隊ノ來ルヲ待チ之ト交代スルモノトス

第百九十三條　警鐘ヲ左ノ通區別ス（第一圖参照）

一、火災一區ニアルトキ　早鐘連打後約三秒ヲ置キ　一點鐘數回
二、火災二區ニアルトキ　同　二點鐘數回
三、火災三區ニアルトキ　同　三點鐘數回
四、火災四區ニアルトキ　同　四點鐘數回

第百九十四條　警報ニ次デ「待テ」ノ號令ヲ下シ火災ノ場所ヲ指示シ各傳令員ハ之ヲ

傳フ

一、火災場附近ニシテ延焼ノ虞アル場合ハ令ナクシテ速ニ物品ヲ搬出スルモノトス

其ノ他ノ物品ノ搬出準備ヲ整ヘ命ヲ待ツ

二、物品ノ搬出順序ヲ左ノ如ク定ム置場ハ練兵場トス

イ　重要書類　ロ　兵器（銃器）　ハ　教科書類

ニ　被服類、寝具、衣服箱、靴（特令）　ホ　其ノ他

防火ニ對スル號令（號音）ニヨル作業ヲ左ノ通定ム

號令（號音）	作業
「打方待テ」	一時吐水ヲ中止ス
「打方始メ」	吐水ヲ開始（再興）ス
「打方止メ」	吐水ヲ止ム
「防火要具收メ」	消防要具ヲ舊位置ニ復ス

第百九十五條　火災鎮火シ要具ヲ收メ終ラバ適宜受持場所又ハ格納所附近ニ部署毎ニ整列人員要具ノ損傷ヲ調査シ整備ヲ報告シ令ニ依リ解散スルモノトス

第百九十六條　教練ニ在リテハ左ノ如ク處理ス

一、本教練ハ時宜ニ依リ生徒、下士官兵各單獨ニ施行スルコトアリ其ノ場合ハ特令ス

二、教練ニ在リテハ警鐘ト同時ニ海岸信號檣（第三信號檣）ニ晝（夜）間赤旗（燈）ヲ掲揚ス

三、火災場ハ赤地ニ白字ノ布札ヲ以テ示ス

四、特ニ指示サレタル場合ノ外物件ノ搬出ヲ行ハズ

五、生徒ノ外休、外見患者ハ生徒館前ニ集合スベシ休業患者ハ其ノ儘トス

六、生徒館ニ於ケル生徒ノ物品搬出準備ハ毛布ヲ包ム外之ヲ行ハズ

第百九十七條

自己ノ配置

【現代かなづかい訳　第三章　第一節　第一項】

第三章　部署

第一節　防火部署

第一項　構内火災

第百九十一条　本部署の要旨とする所は速に火災を消滅して災害を最小限度に止むるにあり

第百九十二条　構内に火災あるを発見したるものは速に之を当直将校に報ずると同時に其の附近にあるものに知らしめ極力消防に努め防火隊の来るを待ち之と交代するものとす

第百九十三条　警鐘を左の通区別す（第一図参照）

一、火災一区にあるとき　早鐘連打後約三砂を置き　一点鐘数回

二、火災二区にあるとき　同　二点鐘数回

三、火災三区にあるとき　同　三点鐘数回
四、火災四区にあるとき　同　四点鐘数回
第百九十四条　警報に次で「待て」の号令を下し火災の場所を指示し各伝令員は之を伝う
一、火災場附近にして延焼の虞(おそれ)ある場合は令なくして速に物品を搬出するものとす其の他の物品の搬出準備を整え命を待つ
二、物品の搬出順序を左の如く定む置場は練兵場とす
イ　重要書類　ロ　兵器（銃器）　ハ　教科書類
ニ　被服類、寝具、衣服箱、靴（特令）　ホ　其の他
防火に対する号令（号音）による作業を左の通定む
第百九十五条　火災鎮火し要具を収め終らば適宜受持場所又は格納所附近に部署毎に整列人員要具の損傷を調査し整備を報告し令に依り解散するものとす
第百九十六条　教練に在りては左の如く処理す
一、本教練は時宜に依り生徒、下士官兵各単独に施行することあり其の場合は特令す
二、教練に在りては警鐘と同時に海岸信号檣（第三信号檣）に昼（夜）間赤旗

（燈）を掲揚す

三、火災場は赤地に白字の布札を以て示す

四、特に指示されたる場合の外物件の搬出を行わず

五、生徒の外休、外見患者は生徒館前に集合すべし休業患者は其の儘とす

六、生徒館に於ける生徒の物品搬出準備は毛布を包む外之を行わず

第百九十七條

第二項　構外（在港艦船）本校山林火災、派遣防火隊部署

第百九十八條　本部署ノ要旨ハ構外（在港艦船）又ハ本校山林ニ火災發ノ場合ニ防火隊ヲ派遣シ地方消防隊及艦船ノ防火作業ヲ援助シ火災ヲ消滅セシムルニ在リ

第百九十九條　構外（在港艦船）又ハ本校山林ニ火災アルヲ發見シタルモノハ速ニ之ヲ當直將及兵舍副直將校ニ報告通報ス

【現代かなづかい訳　第三章　第一節　第二項】

第二項　構外（在港艦船）本校山林火災、派遣防火隊部署

第百九十八條　本部署の要旨は構外（在港艦船）又は本校山林に火災発の場合に防火隊を派遣し地方消防隊及艦船の防火作業を援助し火災を消滅せしむるに在り

第百九十九條　構外（在港艦船）又は本校山林に火災あるを発見したるものは速に之を当直将及兵舎副直将校に報告通報す

第二節　警戒規程

第二百條　本規程ハ海軍兵學校ノ警戒ニ關スル事項ヲ規定ス

第二百一條　警戒ニ關シテハ左記諸項ニ重キヲ置ク

㈠　敵航空機ノ來襲ヲ豫期スル場合ニ戰備ヲ整ヘ警戒ヲ嚴ニシ其ノ攻撃ニ際シテ

ハ即時全攻撃力ヲ發揮シテ之ヲ撃壊スルト共ニ被害ヲ局限シ又之ニ伴フ治安ノ攪亂ヲ防止ス

㈡　敵ノ諜者及國内不穏分子ヲ警戒シ軍紀及機密ヲ保持シ兵學校ノ施設財産ヲ掩護シ治安ヲ維持ス

第二百二條　警戒配備ヲ其ノ緊要程度ニ應ジ左ノ四種ニ區分ス

配備區分	適用時機
第一警戒配備	敵航空機ノ來襲ヲ豫期スル場合
第二警戒配備	敵航空機來襲ノ虞アル場合
第三警戒配備	敵航空機ノ來襲ニ對シ考慮ヲ要スル場合
第四警戒配備	敵航空機ノ來襲ニ對シ考慮ノ要比較的少キ場合
備考	其ノ他各種事變ニ應ジ適時適用ス

第二百三條　第一警戒配備ヲ更ニ左ノ二種ニ區令ス（江田島本校ノミ）

區分	適用スベキ場合
第一警戒配備甲	必要ナル人員ヲ以テ至嚴ナル警戒ヲナシ他ノ諸員ヲ校外地區ニ分散待機セシムル場合
第一警戒配備乙	第一警戒配備甲ニ於テ校外ニ待機セシムル部隊ヲ校内ニ待機セシメ且生徒ヲ戰鬪配置ヨリ除キ嚴重ナル警戒ヲ續行シツツ教務ヲ行ハントスル場合

第二百四條　服裝裝備

第一警戒配備	第二警戒配備	第三警戒配備	第四警戒配備
(一)總員防毒面裝着手袋着用 (二)屋外作業員ハ雨衣鐵兜手袋着用 (三)防毒隊員收護隊員ハ防毒衣(防毒具)裝着 (四)生徒ハ陸戰服脚絆着用 (五)待機隊生徒及警戒隊ノ一部ハ小銃武裝	(一)哨戒直員ノミ防毒面鐵兜手袋裝着手拭携行 (二)生徒ハ陸戰服脚絆着用	當日ノ服裝	當日ノ服裝

第二百五條　外出中「空襲警報」又ハ「警戒警報」發令アリタル場合ハ速ニ歸校哨戒長ノ指示ニ依リ配置ニ就クモノトス
但シ待機隊員ハ其ノ儘速ニ所定待機位置ニ至リテ待機シ服裝裝備ニ關シテハ後令スルモノトス

第二百六條　第一警戒配備甲ニ就キタル場合ハ密集隊形ヲ避ケ且直接作業ニ從事スル者以外ハ努メテ遮蔽下ニ入リテ上空ヨリノ視認ヲ避ケ又ハ待避壕ニ入ルモノトス

第二百七條　課業訓練自習並ニ夜間就寢中等不意ニ空襲ヲ被リタル場合ハ直接作業ニ從事スベキ生徒ハ直ニ配置ニ就キ待機スベキ生徒ハ一先ヅ校内所定ノ待避壕ニ入リタル後適時校外所定待機位置ニ至ルベシ
但シ狀況ニヨリ待機スベキ生徒モ校外ニ待機セシムル事ナク校内諸作業ニ從事セシムルコトアリ

第二百八條

自己ノ配置

【現代かなづかい訳　第三章　第二節】

第二節　警戒規程

第二百條　本規程は海軍兵学校の警戒に関する事項を規定す

第二百一條　警戒に関しては左記諸項に重きを置く

㈠　敵航空機の来襲を予期する場合に戦備を整え警戒を厳にし其の攻撃に際しては即時全攻撃力を發揮して之を撃壊すると共に被害を局限し又之に伴う治安の攪乱を防止す

㈡　敵の課者及国内不穏分子を警戒し軍紀及機密を保持し兵学校の施設財産を掩護し治安を維持す

第二百二條　警戒配備を其の緊要程度に応じ左の四種に区分す

（原文参照）

第二百三條　第一警戒配備を更に左の二種に区令す（江田島本校のみ）

（原文参照）

第二百四條　服装装備

（原文参照）

第二百五條　外出中「空襲警報」又は「警戒警報」発令ありたる場合は速に帰校哨戒長の指示に依り配置に就くものとす

但し待機隊員は其の儘速に所定待機位置に至りて待機し服装装備に関しては後令するものとす

第二百六條　第一警戒配備甲に就きたる場合は密集隊形を避け且直接作業に従事する者以外は努めて遮蔽下に入りて上空よりの視認を避け又は待避壕に入るものとす

第二百七條　課業訓練自習並に夜間就寝中等不意に空襲を被りたる場合は直接作業に従事すべき生徒は直に配置に就き待機すべき生徒は一先ず校内所定の待避壕に入り

たる後適時校外所定待機位置に至るべし
但し状況により待機すべき生徒も校外に待機せしむる事なく校内諸作業に従事せしむることあり

第二百八條

第三節　構内不慮警戒規程（江田島本校ノミ）

第二百九條　主トシテ職員退廳后ニ於ケル構内火災ノ絶無ヲ期スルト共ニ万一出火ノ場合ニ於ケル處置ニ遺憾ナカラシメ且突嗟空襲其ノ他不慮事件ノ突發ニ際シテ各部ノ通信連絡ヲ迅速ニシ以テ警戒規程諸機關ノ敏活ナル發動ヲ期スル爲一七〇〇以后翌朝〇六〇〇迄構内不慮警戒隊ヲ置ク
但シ警戒規程第一第二配備中總員防火部署ニ就キタル場合ハ令ナクシテ其ノ編制ヲ解ク

第二百十條　編制（生徒隊關係）

當直將校―當直監事―第一巡羅隊（生徒二名）
　　　　　　　　　　├第二巡羅隊（生徒二名）
　　　　　　　　　　└通信連絡員

第二百十一條

種別		所在	服務時間	服務標準
巡羅隊	第一	生徒隊週番生徒室	自巡檢	當直監事ノ命ヲ受ケ概ネ二時間毎ニ一回夫々第一（第一第五生徒館）第二（第二第三第四生徒館東浴室及參考館）ヲ巡羅警戒シ且御眞影及御勅諭ノ守護ニ任ズ
	第二	第二部週番生徒室	至總員起床	

第二百十二條　巡羅警戒隊員ハ巡羅ノ際受持區域內建築物內部ヲモ檢シ火災ノ原因タルベキ火氣ノ後始末漏電油脂塵埃類ノ自然發火等ニ對シ充分注意スルヲ要ス

但シ鎖鑰等ヲ施シアル個所ハ覗穴（窓）ヨリ內部ヲ檢スルモノトス

【現代かなづかい訳　第三章　第二節】

第三節　構內不慮警戒規程（江田島本校のみ）

第二百九条　主として職員退庁後に於ける構内火災の絶無を期すると共に万一出火の場合に於ける処置に遺憾なからしめ且突嗟空襲其の他不慮事件の突発に際して各部の通信連絡を迅速にし以て警戒規程諸機關の敏活なる発動を期する為一七〇〇以後翌朝〇六〇〇迄構内不慮警戒隊を置く
但し警戒規程第一第二配備中総員防火部署に就きたる場合は令なくして其の編制を解く

第二百十条　編制（生徒隊關係）

当直将校―当直監事―第一巡羅隊（生徒二名）
　　　　　　　　　　第二巡羅隊（生徒二名）
　　　　　　　　　　通信連絡員

第二百十一条　（原文参照）

第二百十二条　巡羅警戒隊員は巡羅の際受持区域内建築物内部をも検し火災の原因たるべき火気の後始末漏電油脂塵埃類の自然発火等に対し充分注意するを要す
但し鎖鑰等を施しある個所は覗穴（窓）より内部を検するものとす

第四章　警急呼集

第二百十三條　警急呼集ハ校員全部又ハ一部ヲ迅速ニ歸校（出勤）セシメ情況ノ急變ニ即應セシムルニアリ

第二百十四條　警急呼集ヲ其ノ目的及被呼集者ノ範圍ニ依リ左ノ二種ニ區分ス

呼集別	被呼集者ノ範圍
全部呼集	校員全部
一部呼集	(一)定員隊關係職員下士官兵全部 (二)必要ナル職員
備考	情況ニ依リ吳方面外出員ハ呼集セザルコトアリ

第二百十五條　警急呼集ヲ要スル時ハ左ニ依リ警報並ニ信號ヲ行フト同時ニ電話ヲ以テ指令（通知）ス

呼集別		全部呼集	一部呼集
警報	サイレン	3秒　5秒　7秒　5秒　以下繰返ス	
	號砲	三發宛五回（間隔五秒 毎間隔一分）	二發宛五回（間隔五秒 毎間隔一分）
信號	晝間	標 B	B 標 B
	夜間	赤 青	赤 青 赤
號	掲揚場所	表桟橋　砲臺　淺間	
電話		官舍、將校集會所、海友社、下士官兵集會所、小用棧橋	
連絡		江田島警察署（切串、小用、飛渡ノ瀬、大君、柿浦、大原、鹿ノ川、沖村、中村、三高、各駐在所……本署ヨリ連絡ス）	
箇所		呉警備隊、水交社、下士官兵集會所、第一上陸場、憲兵分隊其他必要箇所	
記事		一、情況ニ依リテ一部ヲ行ハザルコトアリ 二、情況ニ依リ呉方面上陸員ハ呼集セザルコトアリ	

第二百十六條　當直將校ハ直ニ信號兵ヲ中郷、向側、鷲部、世上、小用、射的場方面ニ派遣シ左ノ喇叭譜ヲ連吹シ併セテ呼集別ヲ連呼シツツ急速巡回セシムベシ

呼集別	喇叭譜
全部呼集	「軍事點檢譜」「前進譜」
一部呼集	「軍事點檢譜」「前進譜」「G一聲」

第二百十七條　警急呼集ノ令アリタル時ハ被呼集員ハ速ニ歸校（出勤）シ各所屬ニ至リ令ヲ受クベシ

【現代かなづかい訳　第四章】

第四章　警急呼集

第二百十三條　警急呼集は校員全部又は一部を迅速に帰校（出勤）せしめ情況の急変に即応せしむるにあり

第二百十四條　警急呼集を其の目的及被呼集者の範囲に依り左の二種に区分す

（原文参照）

第二百十五條　警急呼集を要する時は左に依り警報並に信号を行うと同時に電話を以て指令（通知）す

（原文参照）

第二百十六條　当直将校は直に信号兵を中郷、向側、鷲部、世上、小用、射的場方面に派遣し左の喇叭（らっぱ）譜を連吹し併せて呼集別を連呼しつつ急速巡回せしむべし

（原文参照）

第二百十七條　警急呼集の令ありたる時は被呼集員は速に帰校（出勤）し各所属に至り令を受くべし

第五章　期會

第二百十八條　期會ハ各期生徒ヲ以テ組織シ本校訓育ノ要旨ヲ體シ會員相互ノ和衷協同砌礎協勵ニ依リテ兵學校生徒タルノ本分ヲ完ウシ會員ノ友誼ヲ厚ウシ名譽ヲ擁護シテ永遠ニ奉公ノ實ヲ擧グルノ基礎ヲ確立スルヲ目的トス

第二百十九條　左記諸官ヲ名譽會員ニ推戴ス

一、校長
二、副校長
三、監事長
四、生徒隊監事
五、期指導官及關係教官監事

第二百二十條　本會ハ生徒隊監事及期指導官ヲ名譽幹事ニ推戴シ會務ノ處理及會行事實施上ノ指導ヲ仰グモノトス

第二百二十一條　本會ニ幹事若干名（内一名ハ常置トシ先任班長之ニ當ル）ヲ置キ會務ヲ掌理セシ常置幹事以外ノ幹事ハ各部ヨリ一名宛各部員之ヲ推擧スルモノトス各

幹事ノ任期ハ一ヶ年トシ毎交代月頭ニ於テ會務ヲ引繼グモノトス
第二百二十二條　第二百十八條ノ目的ヲ達成スルタメ左ノ行事ヲ施行ス
一、時々許可ヲ得テ會合ヲ催シ名譽會員ノ講話ヲ請ヒ或ハ本目的ニ對シ會員相互討究協議ス
二、時々茶話會ヲ催シ教官ノ出席ヲ乞フ
三、各種ノ運動會ヲ催シ教官ノ出席ヲ乞フ
第二百二十三條　前條ノ行事ヲ實施セントスル時ハ幹事ハ期指導官ノ指示ニ依リ其ノ方案ヲ定メ生徒隊監事ヲ經テ監事長ノ承認ヲ受クルモノトス
第二百二十四條　本會ニ期會記錄ヲ備ヘ幹事之ヲ保管シ會ニ關スル一切ノ事項ヲ記註スルモノトス

【現代かなづかい訳　第五章】

第五章　期会

第二百十八條　期会は各期生徒を以て組織し本校訓育の要旨を体し会員相互の和衷協同砌磋協勵に依りて兵学校生徒たるの本分を完うし会員の友誼を厚うし名誉を擁護して永遠に奉公の實を擧ぐるの基礎を確立するを目的とす

第二百十九條　左記諸官を名誉会員に推戴す

一、校長

二、副校長

三、監事長

四、生徒隊監事

五、期指導官及関係教官監事

第二百二十條　本会は生徒隊監事及期指導官を名誉幹事に推戴し会務の処理及会行事実施上の指導を仰ぐものとす

第二百二十一條　本会に幹事若干名（内一名は常置とし先任班長之に当る）を置き会務を掌理せし常置幹事以外の幹事は各部より一名宛各部員之を推挙するものとす各幹事の任期は一ケ年とし毎交代月頭に於て会務を引継ぐものとす

第二百二十二條　第二百十八條の目的を達成するため左の行事を施行す

一、時々許可を得て会合を催し名誉会員の講話を請い或（あるい）は本目的に対し会員相互討

究協議す

二、時々茶話会を催し教官の出席を乞う

三、各種の運動会を催し教官の出席を乞う

第二百二十三條　前條の行事を実施せんとする時は幹事は期指導官の指示に依り其の方案を定め生徒隊監事を経て監事長の承認を受くるものとす

第二百二十四條　本会に期会記録を備え幹事之を保管し会に関する一切の事項を記註するものとす

第六章　短艇巡航

第二百二十五條　巡航ノ目的
千變萬化ノ海上ニ於テ各種短艇操縦法竝ニ指揮法ヲ演練シ明朗ナル雰圍氣ノ中ニ慣海性ヲ養フト共ニ不撓不屈ノ精神ヲ錬成シ克ク困苦缺乏ニ耐ヘ努メテ簡素ナル生活ニ習熟スルニ在リ

第二百二十六條　巡航期間
一、巡航ノ期間ハ土曜日當日作業終了後ヨリ日曜日正午迄トス
但シ監事乘艇ノ巡航ニ在リテハ日曜日歸校點檢時迄ニ歸校スルコトアリ
二、土曜日ガ祝祭日記念日其ノ他公暇日ニ該當スルトキハ正午以後出發スルコトヲ得
三、日曜日ガ祝祭日記念日大詔奉戴日其ノ他公暇日ニ該當スルトキハ朝ノ自修時ニ間ニ合フ如ク歸校スルモノトス
但シ監事乘艇ノ巡航ニ在リテハ當日作業終了セバ出發スルコトヲ得
四、月曜日ガ祝祭日記念日其ノ他公暇日ニ該當スルトキト雖モ特別ノ場合ノ他三日

ニ亘ル巡航ハ許可サレザルモノトス
五、休暇中ノ巡航ニ在リテハ其ノ都度之ヲ定ム
第二百二十七條　巡航區域
觀音崎（小屋浦北西方）、似ノ島北端、津久根島、地藏ヶ崎（嚴島町對岸）連結線以南門前川口、兜島南端、傳太郎鼻（倉橋島南西端）連結線以北ノ海面ニテ中國沿岸、倉橋島ニテ圍マレタル區域但シ機動艇巡航及休暇中ノ巡航ニ在リテハ瀬戸内海内トス
註　本例規巻一第二章第二節第三條ノ四ニ同ジ
第二百二十八條　巡航許可標準
一、帆走巡航ニ在リテハ各員一月一回機動艇巡航ニ在リテハ各分隊一年一回ヲ標準トス
二、各部一回ノ巡航參加分隊數ハ各部所屬分隊ノ半數ヲ標準トス
第二百二十九條　使用短艇
一、灣外巡航ニ在リテハ機動艇及「カツター」ヲ使用シ「ヨツト」ハ使用セズ
二、機動艇巡航ニ在リテハ水雷艇汽艇ヲ使用スルヲ例トス
第二百三十條　艇員編制

一、灣外「カッター」ニ於ケル艇員ハ同一分隊内ニテ編成シ其ノ員數ハ左ノ標準ニ依ルモノトス
　冬季　九名乃至十六名
　夏季　九名乃至二十名
二、「カッター」ノ艇員ハ各學年混成スルヲ例トシ帆走巡航ニ在リテハ内四名以上、橈漕巡航に在リテハ内二名以上ハ第一號生徒タルヲ要ス
　但シ㈠學年帆走巡航終了後ノ第二號生徒ハ第一號生徒ニ準ズ
　　㈡第三號生徒ノ「カッター」巡航參加ハ第一學期終了後トシ特令ニ依ルノ雖モ監事同行ノ際ハ此ノ限ニ在ラズ
三、機動艇巡航ニ於ケル艇員ハ監事所定トス

第二百三十一條　巡航手續

一、艇員中ノ首席生徒ハ短艇巡航願用紙ニ所要事項ヲ記入捺印ノ上巡航三日前迄ニ所屬分隊監事ヲ經テ部短艇指導官ニ提出スルモノトス
二、巡航ノ許否ハ巡航前日迄ニ短艇主務部員又ハ分隊監事ヨリ通知スルモノトス

第二百三十二條　巡航準備

一、携行物件及準備作業

イ　携行物件ニ關シテハ短艇教範ニ例示シアルモ左記物件ハ碇泊スルト否トヲ問ハズ必ズ之ヲ搭載スベシ

イ　錨及錨索　ロ　艇具嚢　ハ　艇用木工具嚢　ニ　短艇羅針儀

ホ　海圖其ノ他航海用具　ヘ　水樽　ト　垢酌　チ　球形燈

リ　提燈（洋角燈）　ヌ　手旗　ル　懐中電燈　ヲ　雙眼鏡

ロ　軍鳩ハ努メテ之ヲ携行シ軍鳩ヲ借用セントスルモノハ巡航前日迄ニ軍鳩班ニ申込ムベシ

ハ　輕便無線電信機又ハ「ラジオ」ヲ借用セントスルモノハ巡航前日迄ニ通信科倉庫ニ申込ムベシ

ニ　球形燈携帯天幕毛布等ヲ借用セントスルモノハ短艇巡航用具借用願書ニ所要事項記入上巡航前日迄ニ生徒隊倉庫ニ差出スベシ

ホ　物件搭載ハ土曜日當日作業終了後ヨリ行フヲ例トス

但シ機動艇巡航ニ在リテハ短艇要具ハ當日休憩時間ヲ利用シ搭載スルコトヲ得

二、糧食酒保物品

イ　出發當日ノ夕食ハ辨當翌日ノ朝食及中食ハ辨當又ハ生麵麭食トシ夜食ハ乾麵麭ヲ例トス

但シ辨當ニ代リ配食食器ニテ食事支給ヲ受クルコトヲ得

ロ　監事同行ノ巡航ニ在リテ辨當其ノ他糧食腐敗等ノ虞アルトキハ特ニ監事及主計科士官ニ申出デテ主計科ヨリ材料ノ供給ヲ受ケ艇内若クハ野外ニテ烹炊ヲ行フコトヲ得此ノ場合右ニ必要ナル薪炭ハ主計科ヨリ支給ヲ受クルモノトシ材料及薪炭ノ請求手續ハ次項ニ準ズ

ハ　糧食ノ支給ヲ受ケントスルモノハ糧食請求書ニ所要事項ヲ記入ノ上分隊監事主計科士官ノ檢印ヲ受ケ巡航前日（午前）迄ニ厨業事務室ニ差出スベシ

ニ　酒保物品ハ參加員一人當リ五十錢以內ノ範圍ニ於テ適當ニ配布サルルモノトシ酒保請求用紙ニ所要事項記入ノ上分隊監事ノ檢印ヲ受ケ巡航三日前迄ニ酒保ニ差出スベシ

三、薪炭

一、自十二月一日至三月十五日ノ間ニ在リテハ食事ノ際湯茶ヲ供スル目的ヲ以テ七輪ヲ貸與シ木炭ヲ給ス

二、支給サレタル木炭以外薪炭ノ使用ヲ禁ズ又該木炭ヲ暖ヲ採ルノ目的ヲ以テ使用

スベカラズ

三、七輪及木炭ノ請求手續ハ第一節第四項ノ手續ニ同ジ

第二百三十三條　服装

一、事業服（軍帽）又ハ陸戦服（陸戦帽）着用ヲ例トス

二、服装ハ常ニ齊整ヲ心掛ケ軍装ノ上ヨリ事業服ヲ着用スル等ノコトアルベカラズ

三、作業ノ爲要スレバ上衣ヲ脱スルコトヲ得

但シ艇指揮艇長ハ此ノ限ニ在ラズ

四、特令ニ依リ軍装ヲ着用セシメラルルコトアリ

五、冬季日課施行中ハ夜間外套ヲ着用スルコトヲ得

尚自十二月一日至三月十五日ノ間ニ在リテハ晝間ト雖モ之ヲ着用スルコトヲ得

六、監事乘艇ノ巡航ニ在リテ上陸散歩ヲ行フ際軍装帯劍トス

但シ艇内ニ在リテハ前諸項ニ準ズ

第二百三十四條　出發

艇指揮ハ艇員短艇搭載物件ノ整備ヲ確メタル後部當直監事ニ報告シ出發スルモノトス

歸着

歸校セバ艇指揮ハ其ノ旨ヲ行動概要竝ニ人員物件ノ異狀ノ有無ト共ニ部當直監事ニ報告スベシ

防空警報

イ　警戒警報發令中ハ燈火警戒管制ヲナシ海上衝突豫防法所定ノ灯火ハ必要ノ最小限度ニ減光シ特ニ上空ニ對シ遮蔽スルモノトス

艇內ノ照明燈ハ使用ノ際ハ必要ノ最小限度ニ減光スルト共ニ遮光ヲ完全ニ行フブキモノトス

ロ　空襲警報發令アリタル際ハ速カニ歸校スベシ

空襲警報發令中ハ燈火空襲管制ヲナシ海上衝突豫防法所定ノ燈火ハ消燈ス但シ直ニ點出シ得ル準備ヲ爲シ保安上必要ナルトキニ限リ一時點出スルモノトス

艇內照明燈ハ消燈遮蔽スルモノトス

第二百三十五條　記錄

一、巡航日誌ノ記註要領ハ航泊日誌ニ準ズ

二、記註ニ當リテハ航泊日誌記註心得ヲ參照スベシ

註　航泊日誌記註心得

　航泊日誌記事記註例」ナル冊子學校ヨリ酒布サレアリ

三、巡航日誌ノ末尾ニ所見ヲ附記スルト共ニ適宜ノ用紙ヲ以テ行動概要圖ヲ附スベシ行動概要圖ニハ時刻、航程、錨地等ヲ記人スルモノトス

第二百三十六條　江田内灣内巡航

一、灣内巡航ハ日曜日祝祭日記念日其ノ他公暇日ノ自選體育時及外出時間竝ニ土曜日總員運動後ヨリ夕食迄ノ間ニ實施スベキモノトス

二、自選體育時ニ實施スルモノニ在リテハ引續キ外出時間ニ實施スルコトヲ得

三、使用短艇ハ「カツター」及「ヨツト」トス

四、イ「カツター」帆走ニ在リテハ總員ノ内四名以上第一號生徒タルヲ要スルモ第三號生徒帆走教務開始後ニ在リテハ前記第一號生徒ハ二名ニ減ズルコトヲ得

ロ　帆走教務終了セル第二第三號生徒ニ在リテハ該號生徒ノミニテ艇員ヲ編成スルコトヲ得

ハ　學年帆走終了セル第二號生徒ハ第一號生徒ニ準ズ

ニ　橈漕ニテ巡航ヲ行フ際ハ艇員ニ特ニ制限ヲ設ケズ

ホ「ヨツト」ニ在リテハ艇員ハ二名乃至三名神風ハ二名乃至四名トシ内少ク
　モ一名ハ帆走有經驗者タルヲ要ス
五、灣内巡航ヲ行ハントスルモノハ短艇使用簿ニ所要事項ヲ記入ノ上當直監事ノ許
可ヲ受ケタル部當直監事ニ報告ノ上出發スルモノトス
六、外出時間中巡航ヲ行フ場合ハ酒保物品ノ飲食ヲ許可ス
酒保物品請求ノ手續ハ第九章第二節第四項ニ同ジ但シ一人當リ配布額ハ二十五
錢以内トス

【現代かなづかい訳　第六章】

第六章　短艇巡航

第二百二十五条　巡航の目的
千変万化の海上に於て各種短艇操縦法並(ならび)に指揮法を演練し明朗なる雰囲氣の中に慣
海性を養うと共に不撓不屈の精神を錬成し克(よ)く困苦欠乏に耐え努めて簡素なる生活

に習熟するに在り

第二百二十六條　巡航期間

一、巡航の期間は土曜日当日作業終了後より日曜日正午迄とす

　但し監事乗艇の巡航に在りては日曜日帰校点検時迄に帰校することあり

二、土曜日が祝祭日記念日其の他公暇日に該当するときは正午以後出発することを得

　但し監事乗艇の巡航に在りては当日作業終了せば出発することを得

三、日曜日が祝祭日記念日大詔奉戴日其の他公暇日に該当するときは朝の自修時に間に合う如く帰校するものとす

四、月曜日が祝祭日記念日其の他公暇日に該当するときと雖(いえど)も特別の場合の他三日に亘る巡航は許可されざるものとす

五、休暇中の巡航に在りては其の都度之を定む

第二百二十七條　巡航区域

観音崎（小屋浦北西方）、似の島北端、津久根島、地蔵ケ崎（厳島町対岸）連結線以南門前川口、兜島南端、伝太郎鼻（倉橋島南西端）連結線以北の海面にて中国沿岸、倉橋島にて囲まれたる区域但し機動艇巡航及休暇中の巡航に在りては瀬戸内海

内とす

　註　本例規巻一第二章第二節第三條の四に同じ

第二百二十八條　巡航許可標準

一、帆走巡航に在りては各員一月一回機動艇巡航に在りては各分隊一年一回を標準とす

二、各部一回の巡航参加分隊数は各部所属分隊の半数を標準とす

第二百二十九條　使用短艇

一、湾外巡航に在りては機動艇及「カツター」を使用し「ヨツト」は使用せず

二、機動艇巡航に在りては水雷艇汽艇を使用するを例とす

第二百三十條　艇員編制

一、灣外「カツター」に於ける艇員は同一分隊内にて編成し其の員数は左の標準に依るものとす

　冬季　九名乃至十六名

　夏季　九名乃至二十名

二、「カツター」の艇員は各学年混成するを例とし帆走巡航に在りては内四名以上、橈漕巡航に在りては内二名以上は第一号生徒たるを要す

但し㈠ 学年帆走巡航終了後の第二号生徒は第一号生徒に準ず
㈡ 第三号生徒の「カッター」巡航參加は第一学期終了後とし特令に依るの雖も監事同行の際は此の限に在らず

三、機動艇巡航に於ける艇員は監事所定とす

第二百三十一條　巡航手続

一、艇員中の首席生徒は短艇巡航願用紙に所要事項を記入捺印の上巡航三日前迄に所属分隊監事を経て部短艇指導官に提出するものとす

二、巡航の許否は巡航前日迄に短艇主務部員又は分隊監事より通知するものとす

第二百三十二條　巡航準備

一、携行物件及準備作業

イ 携行物件に關しては短艇教範に例示しあるも左記物件は碇泊すると否とを問わず必ず之を搭載すべし

イ 錨及錨索　ロ 艇具嚢　ハ 艇用木工具嚢　ニ 短艇羅針儀

ホ 海図其の他航海用具　ヘ 水樽　ト 垢酌　チ 球形燈

リ 提燈（洋角燈）　ヌ 手旗　ル 懐中電燈　ヲ 双眼鏡

ロ　軍鳩は努めて之を携行し軍鳩を借用せんとするものは巡航前日迄に軍鳩班に申込むべし

ハ　軽便無線電信機又は「ラジオ」を借用せんとするものは巡航前日迄に通信科倉庫に申込むべし

ニ　球形燈携帯天幕毛布等を借用せんとするものは短艇巡航用具借用願書に所要事項記入上巡航前日迄に生徒隊倉庫に差出すべし

ホ　物件搭載は土曜日當日作業終了後より行うを例とす
但し機動艇巡航に在りては短艇要具は当日休憩時間を利用し搭載することを得

二、糧食酒保物品

イ　出発当日の夕食は弁当翌日の朝食及中食は弁当又は生麵麭食とし夜食は乾麵麭を例とす
但し弁当に代り配食食器にて食事支給を受くることを得

ロ　監事同行の巡航に在りて弁当其の他糧食腐敗等の虞（おそれ）あるときは特に監事及主計科士官に申出でて主計科より材料の供給を受け艇内若（もし）くは野外にて烹炊を行うことを得此の場合右に必要なる薪炭は主計科より支給を受くるものとし

材料及薪炭の請求手續は次項に準ず

ハ　糧食の支給を受けんとするものは糧食請求書に所要事項を記入の上分隊監事主計科士官の検印を受け巡航前日（午前）迄に厨業事務室に差出すべし

ニ　酒保物品は参加員一人当り五十銭以内の範囲に於て適当に配布さるるものとし酒保請求用紙に所要事項記入の上分隊監事の検印を受け巡航三日前迄に酒保に差出すべし

三、薪炭

一、自十二月一日至三月十五日の間に在りては食事の際湯茶を供する目的を以て七輪を貸与し木炭を給す

二、支給されたる木炭以外薪炭の使用を禁ず又該木炭を暖を採るの目的を以て使用すべからず

三、七輪及木炭の請求手続は第一節第四項の手続に同じ

第二百三十三條　服装

一、事業服（軍帽）又は陸戦服（陸戦帽）着用を例とす

二、服装は常に齊整を心掛け軍装の上より事業服を着用する等のことあるべからず

三、作業の為要すれば上衣を脱することを得

但し艇指揮艇長は此の限に在らず

四、特令に依り軍装を着用せしめらるることあり

五、冬季日課施行中は夜間外套を着用することを得

尚自十二月一日至三月十五日の間に在りては昼間と雖も之を着用することを得

六、監事乗艇の巡航に在りて上陸散歩を行う際軍装帯剣とす

但し艇内に在りては前諸項に準ず

第二百三十四條　出発

艇指揮は艇員短艇搭載物件の整備を確めたる後部当直監事に報告し出発するものとす

帰着

帰校せば艇指揮は其の旨を行動概要竝(ならび)に人員物件の異状の有無と共に部当直監事に報告すべし

防空警報

イ　警戒警報発令中は燈火警戒管制をなし海上衝突予防法所定の灯火は必要の最小限度に減光し特に上空に対し遮蔽するものとす

艇内の照明燈は使用の際は必要の最小限度に減光すると共に遮光を完全に行

うべきものとす

ロ　空襲警報發令ありたる際は速かに帰校すべし

空襲警報発令中は燈火空襲管制をなし海上衝突予防法所定の燈火は消燈す但し直に点出し得る準備を為し保安上必要なるときに限り一時点出するものとす

艇内照明燈は消燈遮蔽するものとす

第二百三十五條　記録

一、巡航日誌の記註要領は航泊日誌に準ず

二、記註に当りては航泊日誌記註心得を参照すべし

註　航泊日誌記註心得
　　航泊日誌記事記註例」なる冊子学校より酒布されあり

三、巡航日誌の末尾に所見を附記すると共に適宜の用紙を以て行動概要図を附すべし行動概要図には時刻、航程、錨地等を記人するものとす

第二百三十六條　江田内湾内巡航

一、湾内巡航は日曜日祝祭日記念日其の他公暇日の自選体育時及外出時間竝に土曜日総員運動後より夕食迄の間に実施すべきものとす

二、自選体育時に実施するものに在りては引続き外出時間に実施することを得
三、使用短艇は「カッター」及「ヨット」とす
四、イ「カッター」帆走に在りては総員の内四名以上第一号生徒たるを要するも第三号生徒帆走教務開始後に在りては前記第一号生徒は二名に減ずることを得
ロ　帆走教務終了せる第二第三号生徒に在りては該号生徒のみにて艇員を編成することを得
ハ　学年帆走終了せる第二号生徒は第一号生徒に準ず
ニ　橈漕にて巡航を行う際は艇員に特に制限を設けず
ホ「ヨット」に在りては艇員は二名乃至三名神風は二名乃至四名とし内少くも一名は帆走有経験者たるを要す
五、湾内巡航を行わんとするものは短艇使用簿に所要事項を記入の上当直監事の許可を受けたる部当直監事に報告の上出発するものとす
六、外出時間中巡航を行う場合は酒保物品の飲食を許可す
酒保物品請求の手続は第九章第二節第四項に同じ但し一人当り配布額は二十五銭以内とす

第七章　外出及休暇

第一節　外出

第二百三十七條　外出トハ遊歩區域外ニ出ヅルヲ謂フ外出ハ定時又ハ特令シテ之ヲ許可シ生徒ハ許可ナクシテ外出スルヲ得ズ

但シ規定時間内ニ於テ養浩館ニ往復スルハ此ノ限ニアラズ

第二百三十八條　普通ノ外出區域ヲ江田島及東西能美島トス

第二百三十九條　左ノ諸號ニ該當スルモノハ外出ヲ許サズ但シ必要ナル時ハ臨時適宜ノ時間ヲ限リ之ヲ許可スルコトアルベシ

一、外休

二、軍醫科士官ニ於テ外出止ヲ指定シタルモノ

三、略靴使用者及脱靴者

四、其ノ他外出ヲ差止メラレタルモノ

第二百四十條「外出用意」ノ令アラバ生徒ハ外出準備ヲ整ヘ「外出點検ノ」令ニテ定位置ニ整列シ當直監事ノ點検ヲ受クベシ

但シ單ニ「外出」ノ令アル時ハ點検ヲ受クルヲ要セズ

第二百四十一條　外出セントスル時ハ外出札ヲ裏返シ歸校ノ際之ヲ復舊スベシ

第二百四十二條　外出ヨリ歸校シタル時ハ之ヲ整列セシメ第二百四十條ニ準ジ點検ヲ行フ

第二百四十三條　外出中ハ江田島及東西能美島ニ限リ學年胸章（名札）ヲ附スベシ

第二百四十四條　生徒外出ヲ許可セラレタル時ハ専ラ爾後學習ノ準備トシテ心氣ノ更新ニ努ムルヲ本義トシ或ハ山野海上ニ浩然ノ氣ヲ養ヒ或ハ教官監事ヲ訪問シテ適切ナル薫陶ヲ受ケ心身ヲ長養スルノ心掛アルヲ要ス

第二百四十五條　官舎訪問ヲナサントスル時ハ其ノ前々日迄ニ都合ヲ伺ヒ訪問中ハ談笑ノ裡猶師長ニ對スル禮儀ニ悖ルコトアルベカラズ

第二百四十六條　倶樂部ハ外出中家庭的雰圍氣ノ下ニ生徒ヲシテ心氣ノ更新ヲ圖ラシムルヲ目的トシ有志民家ノ好意的奉仕ニヨリ設ケラレタルモノナリ故ニ家人ニ對スル禮儀ヲ守ルハ勿論態度動作攝食整理整頓等將校生徒トシテ恥シカラザルヲ要ス

第二百四十七條　倶樂部使用區分ハ別ニ定ム特ニ用事アリテ他倶樂部ヲ使用セントスル者ハ生徒隊倶樂部係主任ノ了解ヲ受クルヲ要ス尚倶樂部ニテ會ヲ行ハントスル者ハ

ル者ハ使用一週間前土曜日迄ニ生徒隊倶樂部係主任ニ申出デ使用許可證持參又ハ同封ノ上該倶樂部ニ依頼スベシ

第二百四十八條　外出區域内ト雖モ指定セル官舍及倶樂部以外ノ家屋ニ出入スベカラズ又止ムヲ得ザル事故アリテ右以外ノ家屋ニ出入セントスル時ハ豫メ當直監事ノ許可ヲ受クベシ

但シ物品購買ノタメ商店ニ立寄ルハ此ノ限リニアラズ

第二百四十九條　外出時中機密保持ニ關シテハ特ニ留意スルヲ要ス

第二百五十條　外出ノタメ辨當ヲ請求セントスル者及晝食ヲ要スル者ハ前日朝食後部毎ニ取纒メ厨業事務室ニ請求スベシ

【現代かなづかい訳　第七章　第一節】

第七章　外出及休暇

第一節　外出

第二百三十七條　外出とは遊歩区域外に出づるを謂う外出は定時又は特令して之を許可し生徒は許可なくして外出するを得ず
但し規定時間内に於て養浩館に往復するは此の限にあらず
第二百三十八條　普通の外出区域を江田島及東西能美島とす
第二百三十九條　左の諸号に該当するものは外出を許さず但し必要なる時は臨時適宜の時間を限り之を許可することあるべし
一、外休
二、軍医科士官に於て外出止を指定したるもの
三、略靴使用者及脱靴者
四、其の他外出を差止められたるもの
第二百四十條「外出用意」の令あらば生徒は外出準備を整え「外出点検の」令にて定位置に整列し当直監事の点検を受くべし
但し単に「外出」の令ある時は点検を受くるを要せず
第二百四十一條　外出せんとする時は外出札を裏返し帰校の際之を復旧すべし
第二百四十二條　外出より帰校したる時は之を整列せしめ第二百四十條に準じ点検を行う

第二百四十三條　外出中は江田島及東西能美島に限り学年胸章（名札）を附すべし

第二百四十四條　生徒外出を許可せられたる時は専ら爾後学習の準備として心気の更新に努むるを本義とし或は山野海上に浩然の気を養い或は教官監事を訪問して適切なる薫陶を受け心身を長養するの心掛あるを要す

第二百四十五條　官舎訪問をなさんとする時は其の前々日迄に都合を伺い訪問中は談笑の裡猶師長に対する礼儀に悖ることあるべからず

第二百四十六條　倶楽部は外出中家庭的雰囲気の下に生徒をして心気の更新を図らしむるを目的とし有志民家の好意的奉仕により設けられたるものなり故に家人に対する礼儀を守るは勿論態度動作摂食整理整頓等将校生徒として恥しからざるを要す

第二百四十七條　倶楽部使用区分は別に定む特に用事ありて他倶楽部を使用せんと欲する者は生徒隊倶楽部係主任の了解を受くるを要す尚倶楽部にて会を行わんと欲する者は使用一週間前土曜日迄に生徒隊倶楽部係主任に申出で使用許可証持参又は同封の上該倶楽部に依頼すべし

第二百四十八條　外出区域内と雖も指定せる官舎及倶楽部以外の家屋に出入すべからず又止むを得ざる事故ありて右以外の家屋に出入せんとする時は予め当直監事の許

可を受くべし
但し物品購買のため商店に立寄るは此の限りにあらず
第二百四十九條　外出時中機密保持に関しては特に留意するを要す
第二百五十條　外出のため弁当を請求せんとする者及昼食を要する者は前日朝食後部毎に取纒め厨業事務室に請求すべし

第二節　休暇

第二百五十一條　休暇ハ特令ニヨリ之ヲ許可ス
前條ノ休暇ニ在リテハ歸省旅行及外泊ヲ許可ス
本條ニヨリ歸省旅行又ハ外泊ヲ爲サントスル時ハ校長ニ願出デ其ノ認許ヲ受クベシ（第二號書式）但シ關東洲及南滿洲鐵道附屬地以外ノ外國ニ旅行又ハ歸省セントスル者ハ休暇一ヶ月前願書ヲ提出シ海軍大臣ノ認許ヲ受クルヲ要ス
第二百五十二條　左ノ事由ニ依リ休暇ヲナサントスル時ハ保證人ニ於テ往復日數ヲ除キ　日以内ニ限リ校長ニ願出テ其ノ認許ヲ受クベシ

其ノ延期ヲ要スル時ハ更ニ同一手續ヲ行フベシ此ノ場合願書ハ期日前到達スル様發送スルヲ要ス

一、轉地療養（第三第四號書式）

二、父母ノ重病又ハ死亡（第五第六第七第八號書式）

三、其ノ他止ムヲ得ザル事故（第七第八號書式）

前條ノ場合ニ於テ急ヲ要スル時ハ父母又ハ親族（保證人）ヨリ校長ニ宛テタル通信書類ニヨリ本人ヨリ願出デ爾後速に前項ノ手續ヲナスベシ

本條ノ場合ニ於テ轉地療養又ハ父母重病ナルトキハ醫證ヲ添フベシ

前條ノ場合ニハ出發歸着共其ノ都度分隊監事並ニ部當直監事ニ届ケ出デ尚轉地療養ニ在リテハ歸着後直ニ軍醫科士官ノ診察ヲ受クベシ

外出休暇中罹病變災等ノタメ許可セラレタル期間内ニ歸着シ能ハザルモノハ其ノ旨校長ニ電報シ直ニ事由ヲ具シ第二號書式ニ準ジ其ノ延期ヲ出願スベシ但シ罹病ノ場合ハ醫師ノ診斷書ヲ變災ノ場合ニハ驛長、警察官若ハ市區町村長又ハ之ニ準ズベキ者ノ證明書ヲ添付スルヲ要ス

第二百五十三條　休暇ノ場合ニ在リテハ特令ナケレバ休暇終了日ノ晝食前ニ歸校スベシ

第二百五十四條　生徒休暇ヨリ歸校シタル時ハ之ヲ整列セシメ第二百四十條ニ準ジ點檢ヲ行フ

第二百五十五條　休暇中其ノ所在ヲ變更シタルトキハ其ノ都度學校ニ報告スベシ

第二百五十六條　第二百五十一條ノ休暇ヲ爲スニ當リテハ分隊伍長ハ内食札衣服箱ノ鍵ヲ取纏メ第二百五十二條ノ休暇ニアリテハ各自之ヲ部當直監事室ニ收納スベシ

但シ鍵ハ之ニ内食札ヲ縛着シ置クモノトス

【現代かなづかい訳　第七章　第二節】

第二節　休暇

第二百五十一條　休暇は特令により之を許可す

前條の休暇に在りては帰省旅行及外泊を許可す

本條により帰省旅行又は外泊を為さんとする時は校長に願出で其の認許を受くべし（第二号書式）但し関東洲及南満洲鉄道附属地以外の外国に旅行又は帰省せんとする者は休暇一ケ月前願書を提出し海軍大臣の認許を受くるを要す

第二百五十二條　左の事由に依り休暇をなさんとする時は保証人に於て往復日数を除き　日以内に限り校長に願出て其の認許を受くべし

其の延期を要する時は更に同一手続を行うべし此の場合願書は期日前到達する様発送するを要す

一、転地療養　（第三第四号書式）

二、父母の重病又は死亡　（第五第六第七第八号書式）

三、其の他止むを得ざる事故　（第七第八号書式）

前條の場合に於て急を要する時は父母又は親族（保証人）より校長に宛てたる通信書類により本人より願出で爾後速に前項の手続をなすべし

本條の場合に於て点地療養又は父母重病なるときは医証を添うべし

前條の場合には出発帰着共其の都度分隊監事並に部当直監事に届け出で尚転地療養に在りては帰着後直に軍医科士官の診察を受くべし

外出休暇中罹病変災等のため許可せられたる期間内に帰着し能（あた）はざるものは其の旨校長に電報し直に事由を具し第二号書式に準じ其の延期を出願すべし但し罹病の場合は医師の診断書を変災の場合には駅長、警察官若（もし）くは市区町村長又は之に準ずべき者の証明書を添付するを要す

第二百五十三條　休暇の場合に在りては特令なければ休暇終了日の昼食前に帰校すべし

第二百五十四條　生徒休暇より帰校したる時は之を整列せしめ第二百四十條に準じ点検を行う

第二百五十五條　休暇中其の所在を変更したるときは其の都度学校に報告すべし

第二百五十六條　第二百五十一條の休暇を為すに当りては分隊伍長は内食札衣服箱の鍵を取纏め第二百五十二條の休暇にありては各自之を部当直監事室に収納すべし但し鍵は之に内食札を縛着し置くものとす

第八章　雜則

第二百五十七條　生徒ノ個有番號ニ關シ左ノ通定ム

一、個有番號付與法

個有番號	記	事
01	分隊內級席次	
101—1	號	一號 1　二號 2　三號 3
	分隊番號	
エ（イ）	學校識別	本校エ　岩國分校イ

例一　エ 101—101　本校一〇一分隊伍長

例二
イ 204 ― 315　岩國分校第二〇四分隊三號第十五席ノ生徒

二、個有番號使用法
イ　校内限提出書類一切
ロ　物品其ノ他ノ記名
ハ　郵便物ノ發着信（號、分隊内級番號ハ省略スルヲ例トス）
ニ　其ノ他
極力利用ニ努ムベシ

第二百五十八條　第何分隊第何號生徒ヲ示ス略號ハ分隊名ヲ分母號名ヲ分子トシ共ニ「アラビア」數字ヲ用フ
例　第一〇一分隊第一號生徒　$\frac{1}{101}$

第二百五十九條　校内ニ於テ異變アルヲ發見シタル時ハ速ニ當直監事ニ届出ヅベシ
第二百六十條　校内ニ於ケル整頓（帽子ノ向等）基準ヲ海岸方向トス
第二百六十一條　隊伍ヲ編成スル時當日ノ服装ト異ル者ハ列末ニ位置スベシ

【現代かなづかい訳　第八章】

第八章　雑則

第二百五十七條　生徒の個有番号に関し左の通定む
一、個有番号付与法
（原文参照）
例一　101－101
エ　本校一〇一分隊伍長

例二　岩国分校第二〇四分隊三号第十五席の生徒

イ 204—315

二、個有番号使用法

イ　校内限提出書類一切

ロ　物品其の他の記名

ハ　郵便物の発着信（号、分隊内級番号は省略するを例とす）

ニ　其の他

極力利用に努むべし

第二百五十八條　第何分隊第何号生徒を示す略号は分隊名を分母号名を分子とし共に「アラビア」数字を用う

例　第一〇一分隊第一号生徒　$\frac{1}{101}$

第二百五十九條　校内に於て異変あるを発見したる時は速に当直監事に届出づべし

第二百六十條　校内に於ける整頓（帽子の向等）基準を海岸方向とす

第二百六十一條　隊伍を編成する時当日の服装と異る者は列末に位置すべし

職員録

職	官	氏名	記事

（昭和　　年行事豫定表 ㊙以上ヲ記入スベカラズ）

月	日	曜	記事

附圖

第一圖甲　海軍兵學校江田島本校略圖

備考
遊歩區域　————
防火區域　- - - -

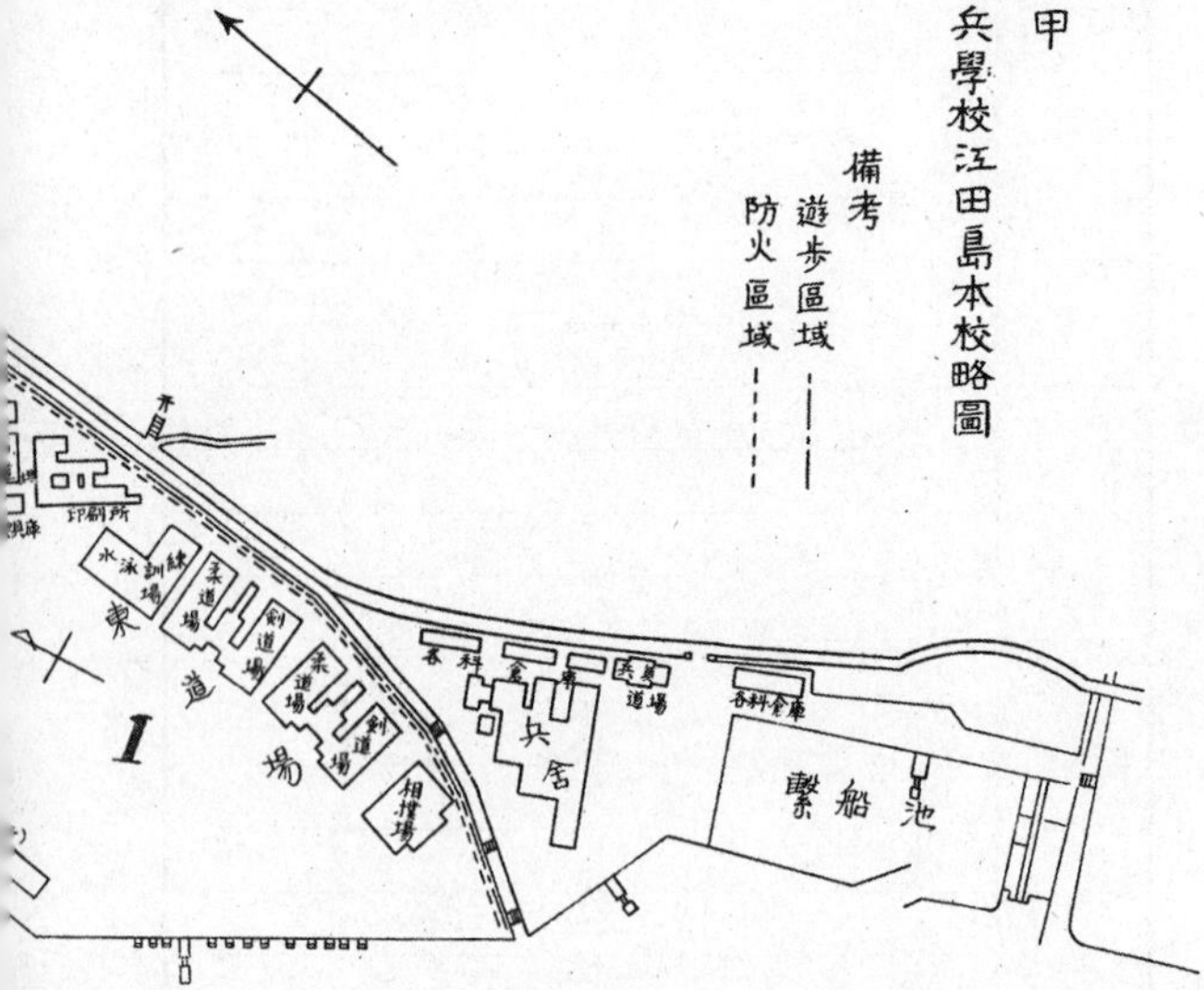

印刷所
水泳訓練場
柔道場
劍道場
柔道場
劍道場
東道場
相撲場
各科倉庫
兵舍
兵員道場
各科倉庫
繫船池

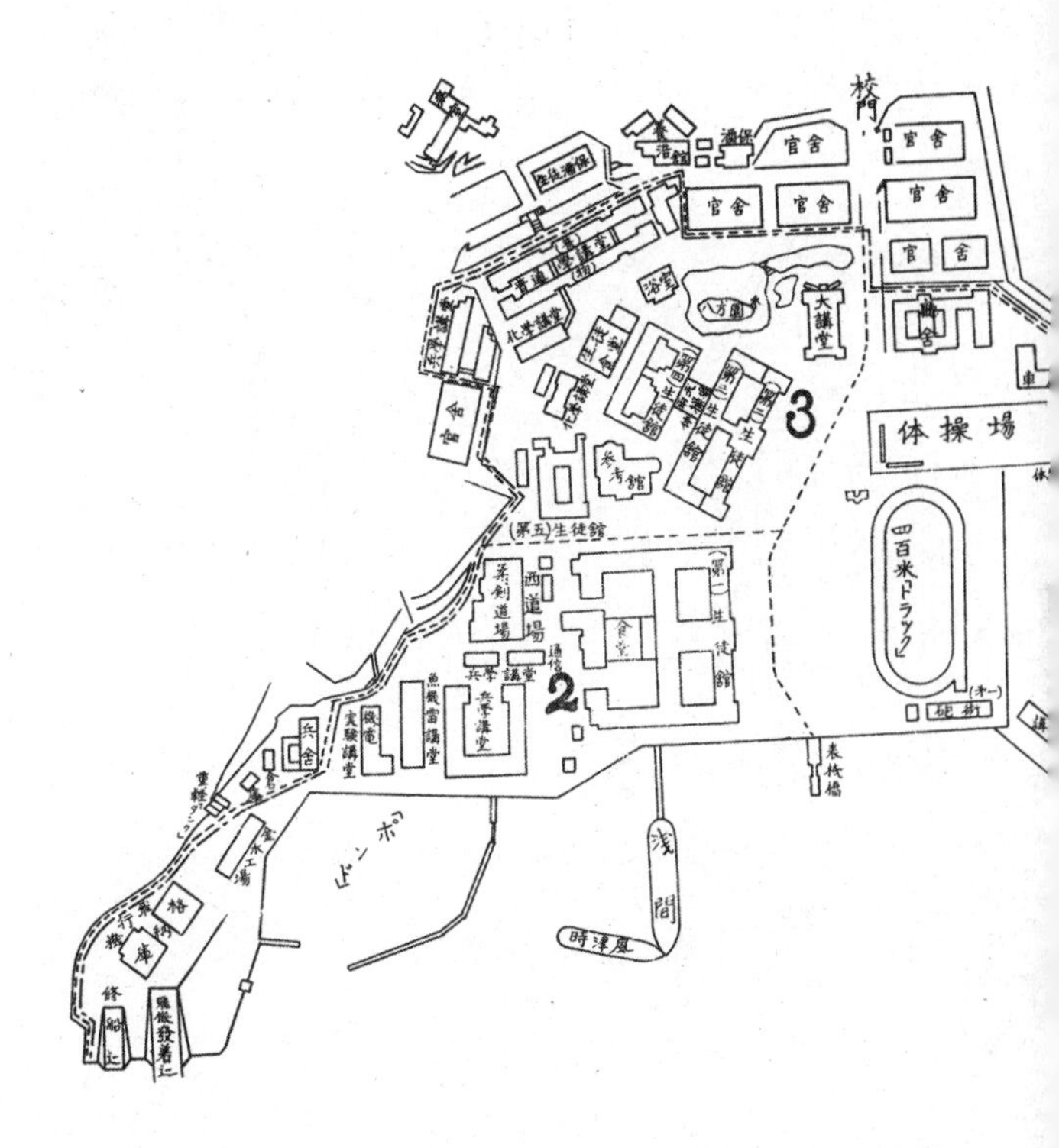

校門
官舎
官舎
官舎
官舎
官舎
官舎
大講堂
八方園
浴室
体操場
四百米トラック
砲術
表桟橋
浅間
風津時
(第五)生徒館
柔剣道場
西道場
食堂
兵学講堂
2
3
兵舎
ポンド
格納庫
発着所

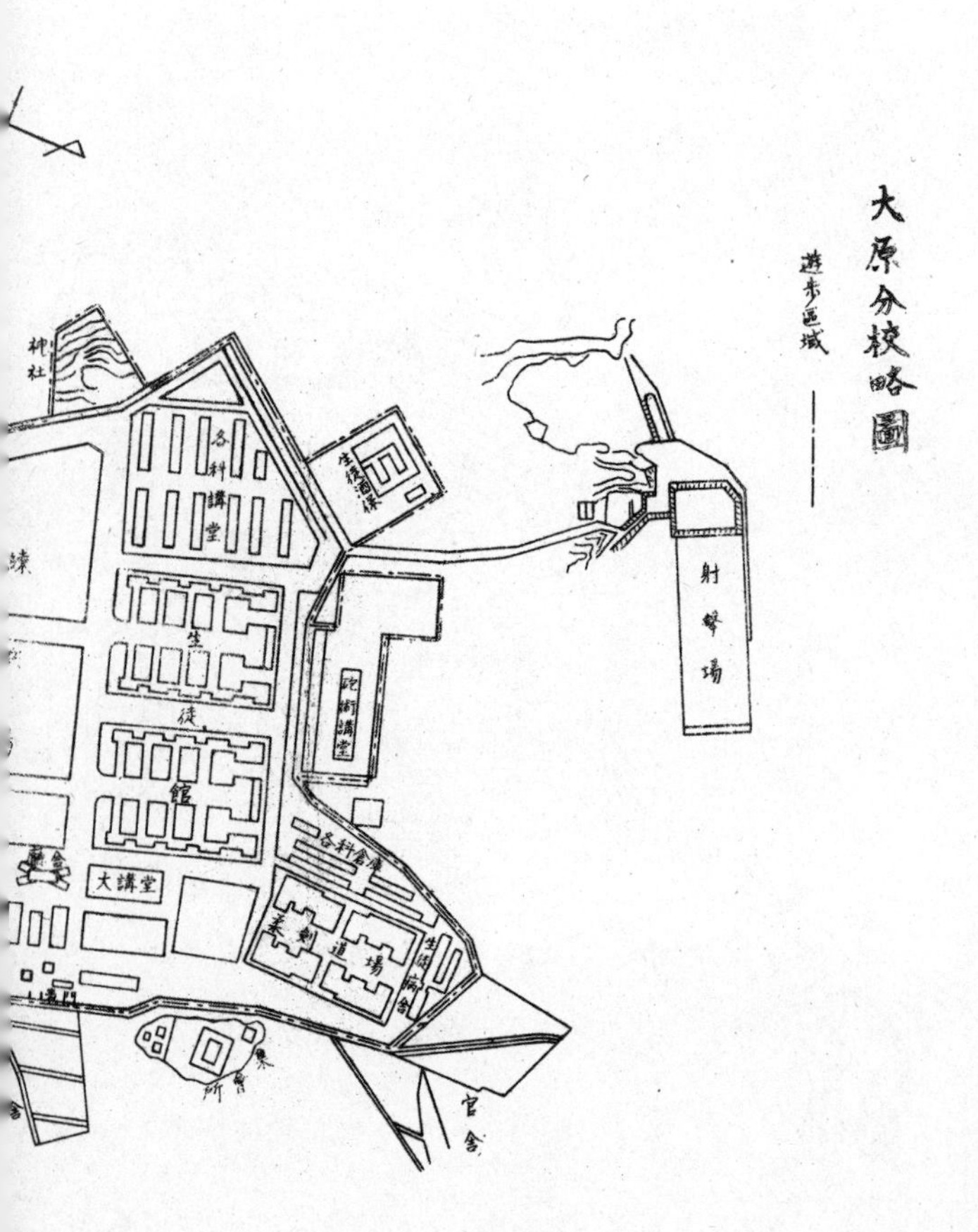

大原分校略圖
遊歩區域
神社
各科講堂
生徒酒保
射撃場
生徒館
砲術講堂
各科倉庫
大講堂
柔剣道場
生徒病舎
集会所
官舎

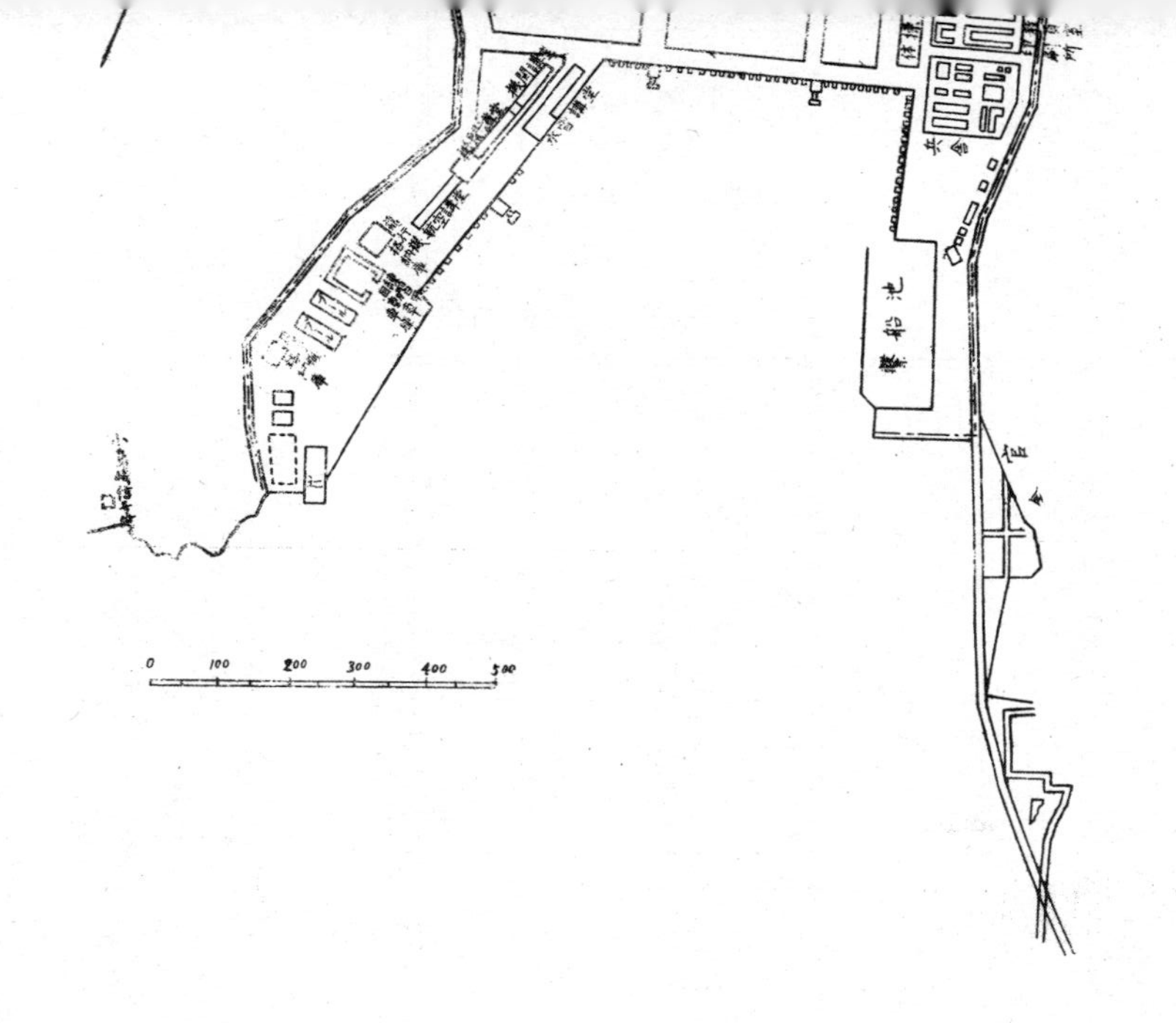
繋船池
兵舎
官舎
航空講堂
水雷講堂
0
100
200
300
400
500

第二圖　生徒舘點檢用意（寢室）

（圖中被服收納法ハ例ヲ示スニ過ギス）

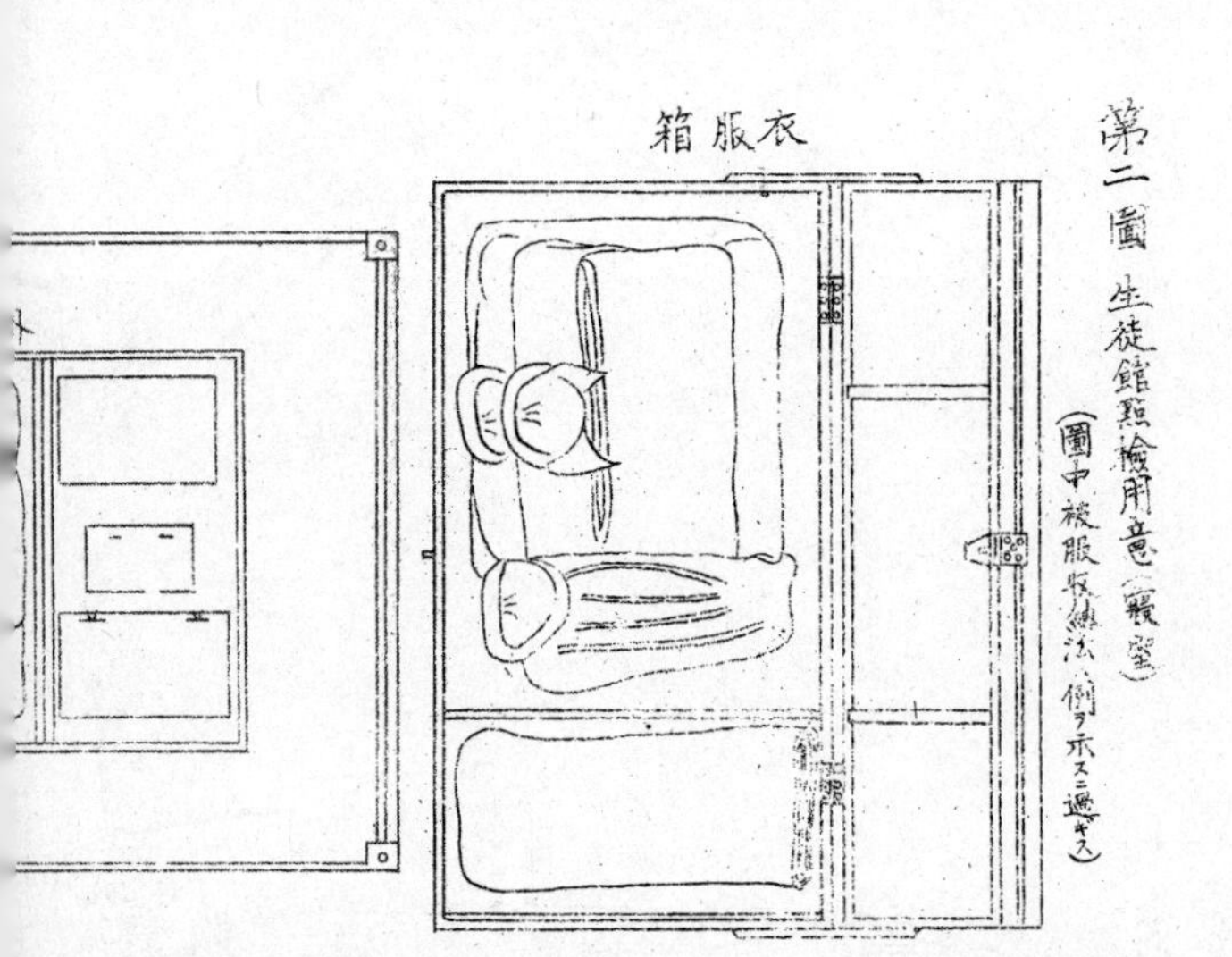

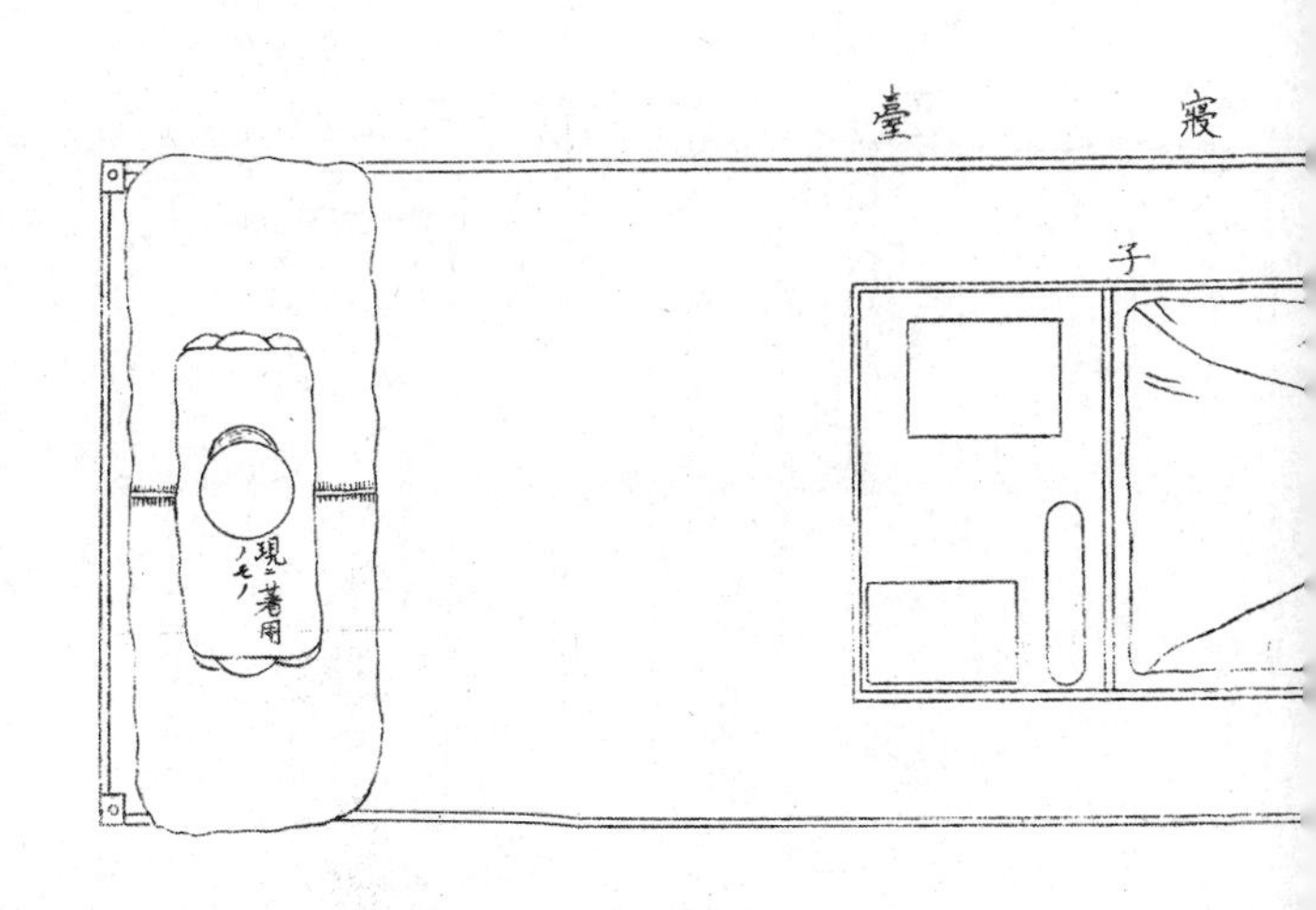
寢臺
子
現ニ著用ノモノ

第三圖 被服點検用意整頓圖

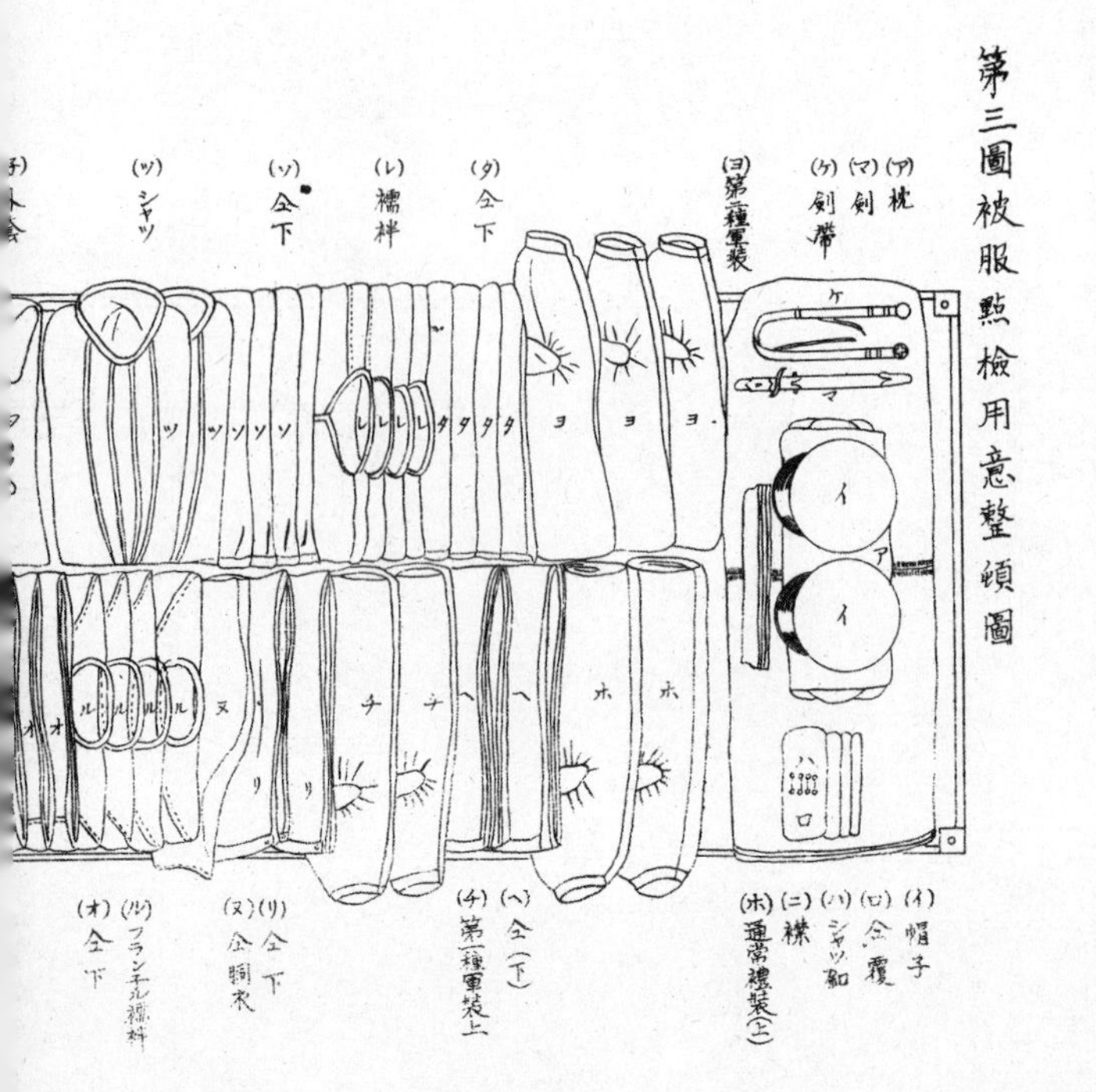

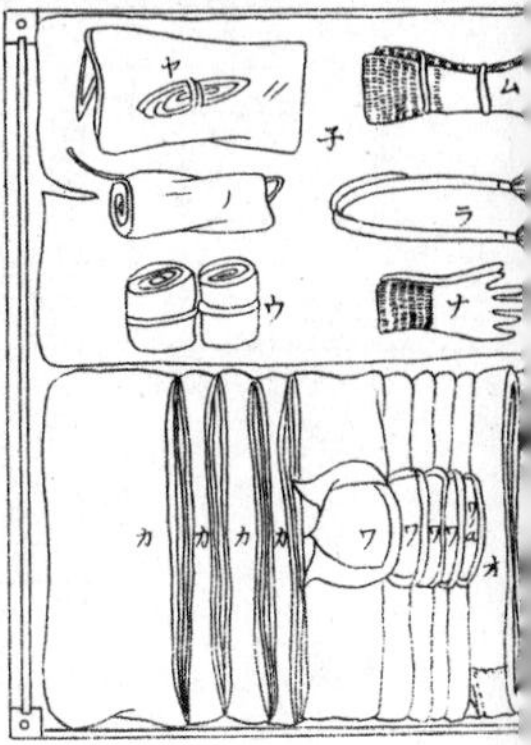

(ナ) 手袋

(ラ) 袴釣

(ム) 靴下

(ウ) 脚絆

(ノ) 游泳褌

(ク) 洗濯囊

(ヤ) 外套括紐

(テ) 敷布及枕覆

(ワ) 事業服

(ワa) 運動衣

(カ) 仝下

(ニ) 寝衣

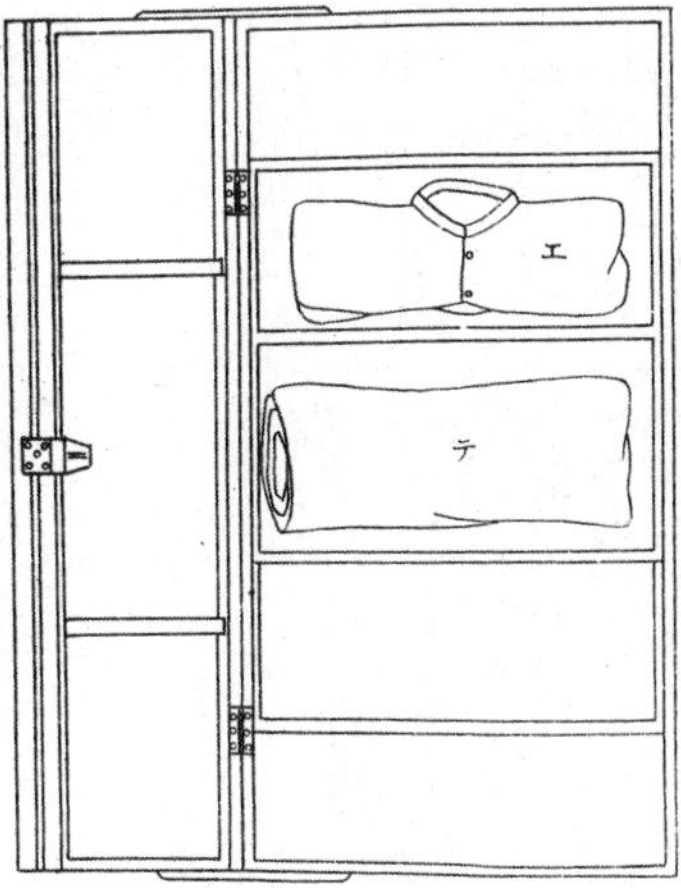

衣服箱ハ蓋ヲ開キ大掛子ヲ中央ニ置キ小掛子ヲ其ノ上ニ置ク

靴ハ寝臺ノ棚ノ上ニ置ク

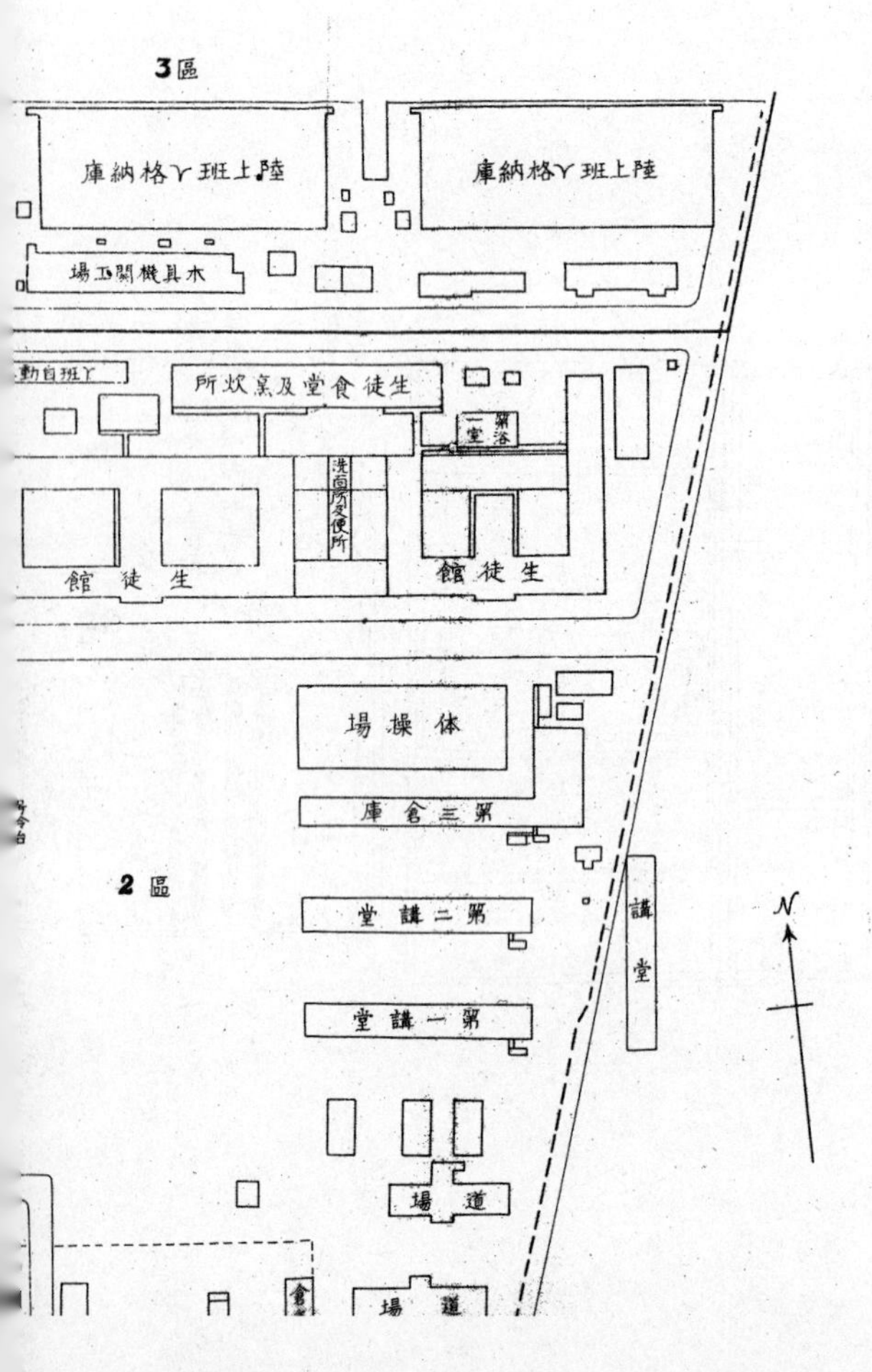

岩国分校位置圖。

（縮尺二千分ノ一）

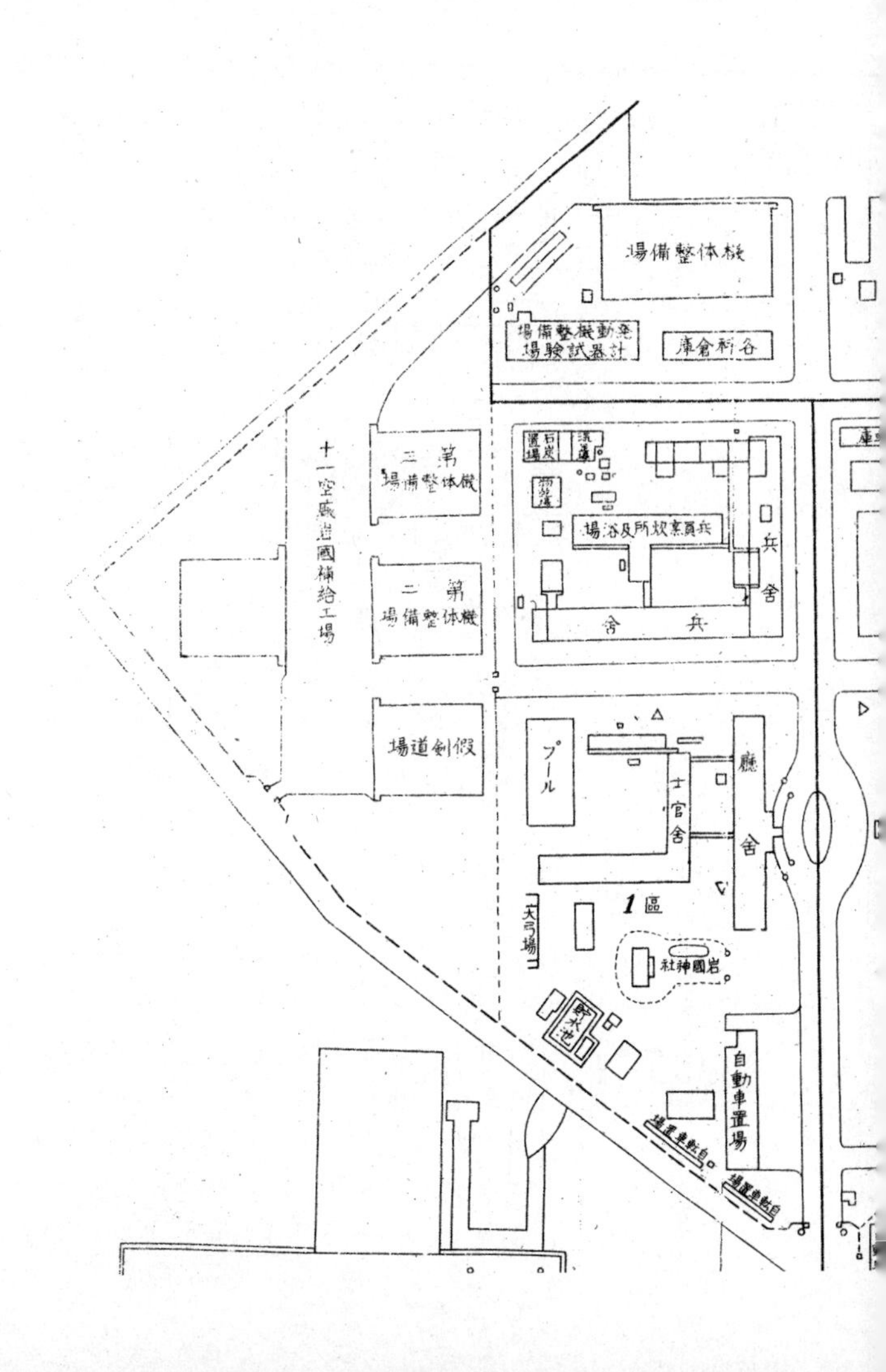

機体整備場
発動機整備場
計器試験場
各科倉庫
第二機体整備場
第二機体整備場
十一空廠道國補給工場
假剣道場
石炭置場
兵員烹炊所及浴場
兵舎
兵舎
プール
士官舎
廳舎
1區
大弓場
岩國神社
自動車置場
自動車置場
自動車置場

圖（縮尺二千分ノ一）

浴室

洗面所及便所

生徒館

生徒館

体操場

第三倉庫

号令台

2 區

第二講堂

第一講堂

講堂

N

道場

道場

倉庫

病舎

倉庫

砲台

避病舎

印刷所

ビダ

遊歩區域

生徒酒保

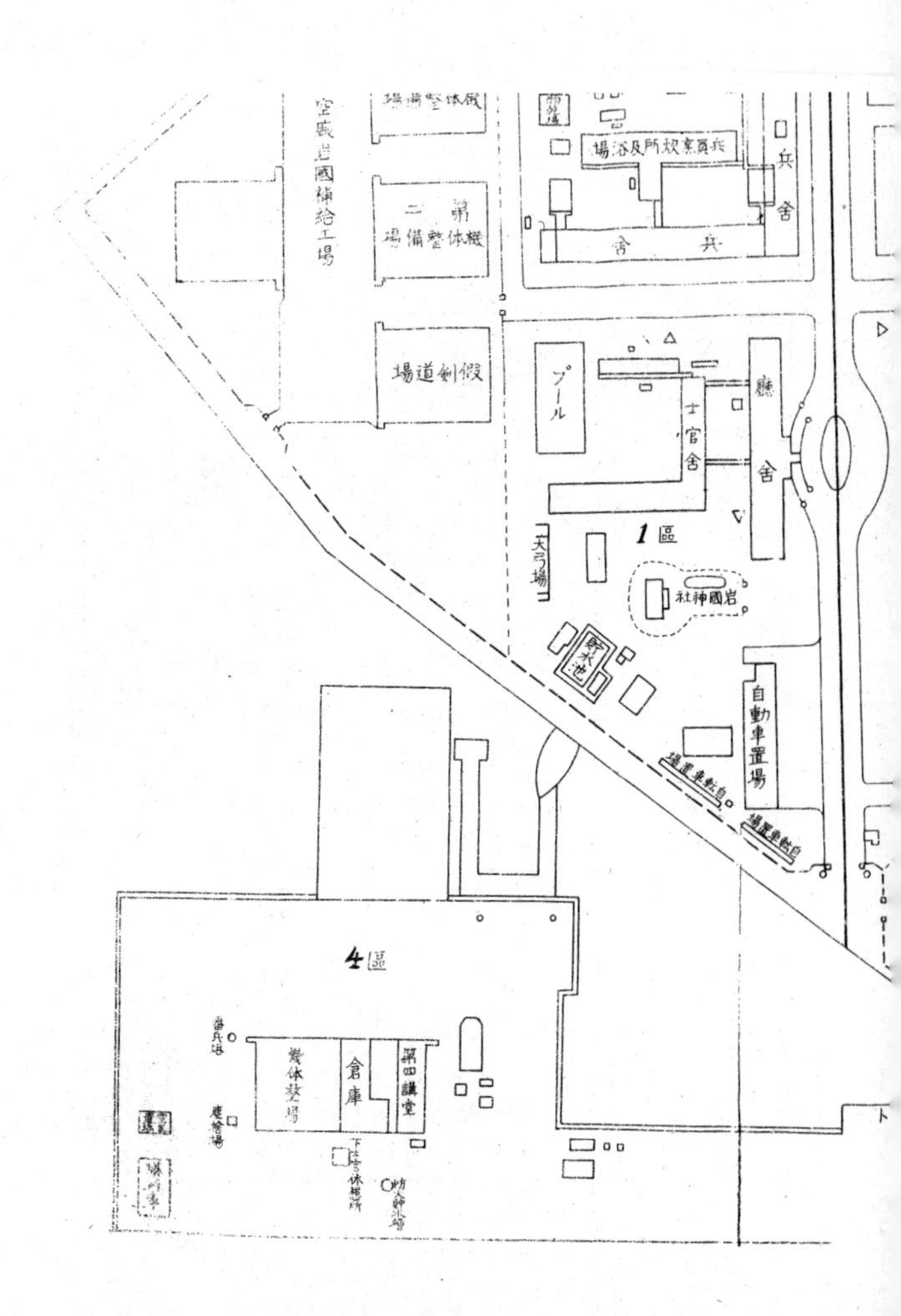
機体整備場
岩國補給工場
第二機体整備場
假剣道場
兵員烹炊所及浴場
兵舎
兵舎
プール
士官舎
廳舎
1區
大弓場
岩國神社
貯水池
自動車置場
自転車置場
自転車置場
4區
倉庫
第四講堂

第四圖　衣服棚　衣服箱内整頓要領

一、鋼製（木製）衣服棚（其ノ一）

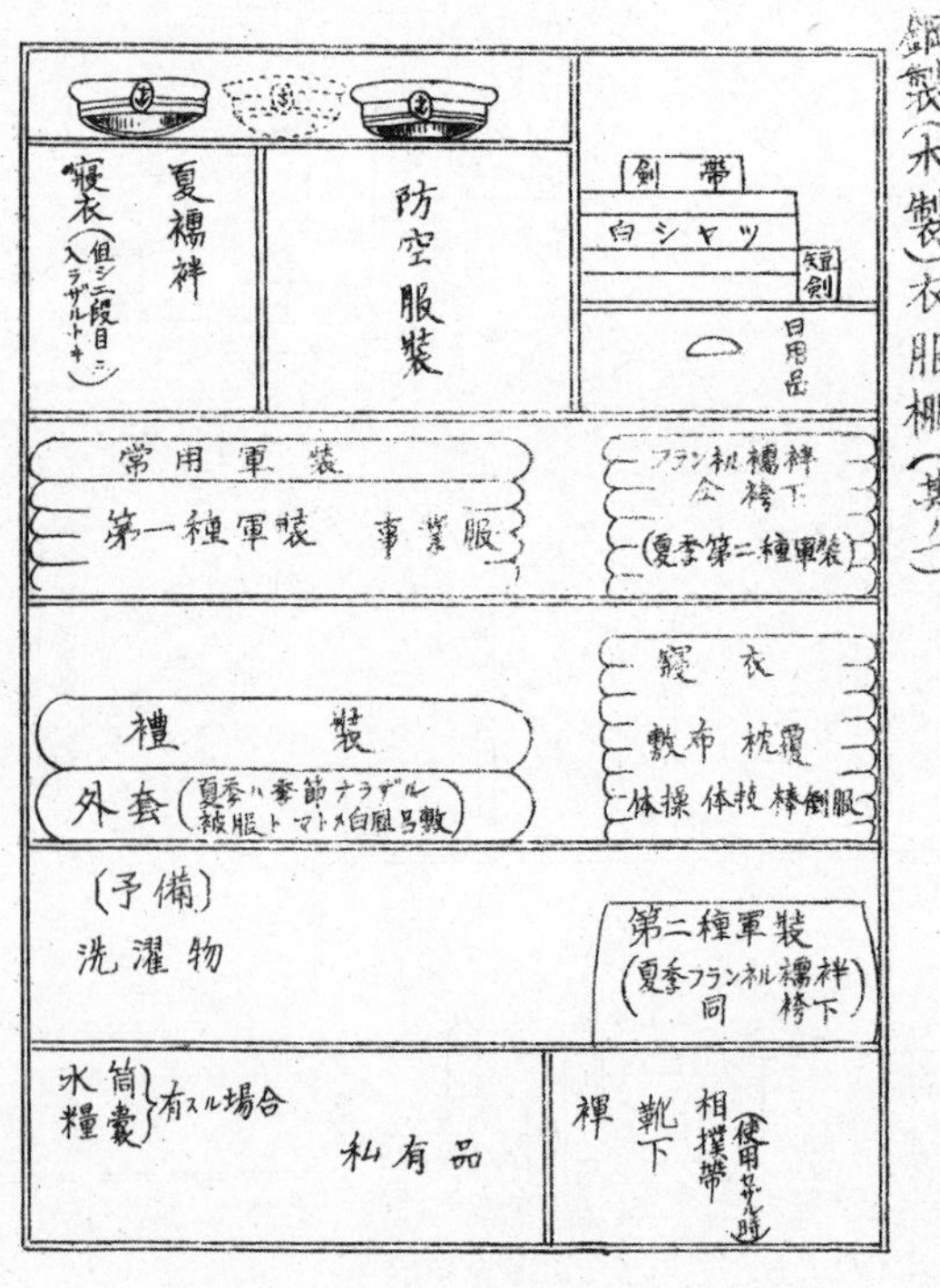

二、鋼製（木製）衣服棚（其ノ二）

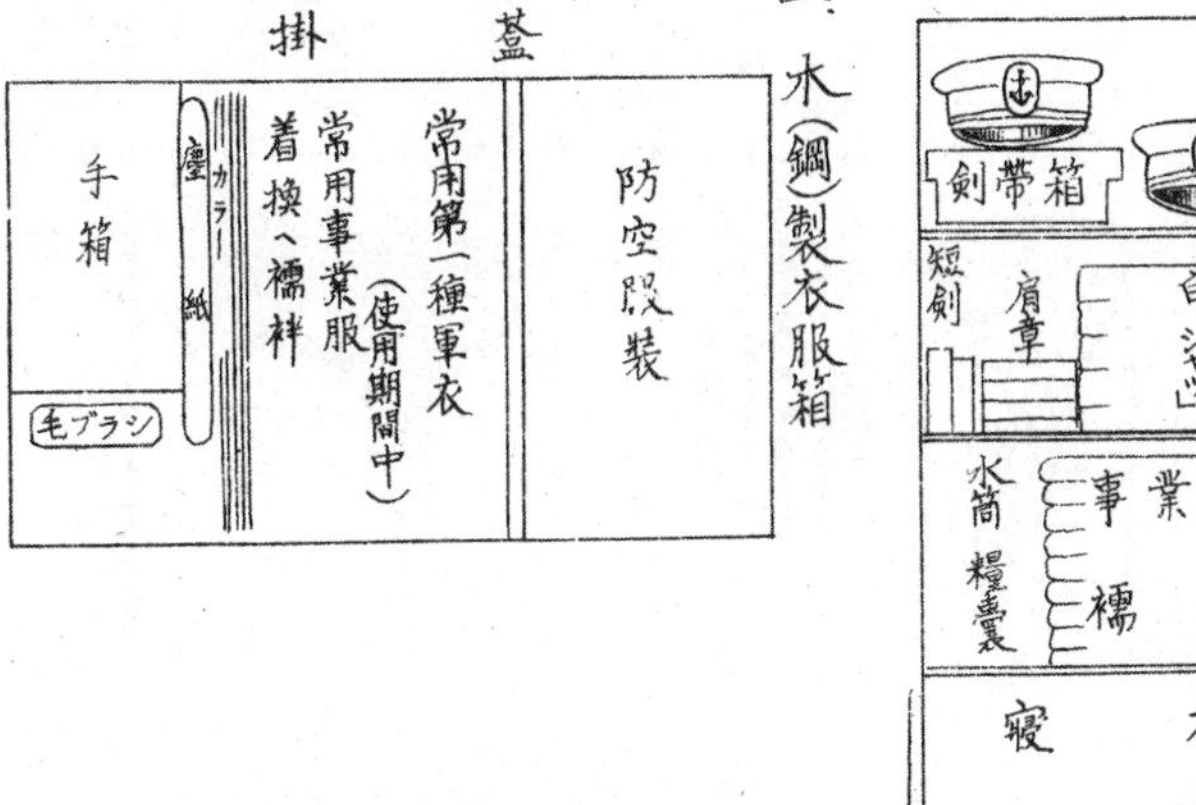

三、水（鋼）製衣服箱
蓋
掛
防空服装
常用第一種軍衣（使用期間中）
常用事業服
着換ヘ襦袢
カラー
塵紙
手箱
毛ブラシ
剣帯箱
短剣
肩章
白「シャツ」
水筒
糧嚢
事業服
襦袢
寝衣
「フランネル」襦袢
抽出シ内
私有品

下帯
靴
相撲褌及不用品
洗濯物（袋）
（ヨゴレモノ）
靴下其他ノ私有品
帽 操 体
棒倒服
体操（技）服
シート枕覆
軍衣（第二種）
襦衣
外套

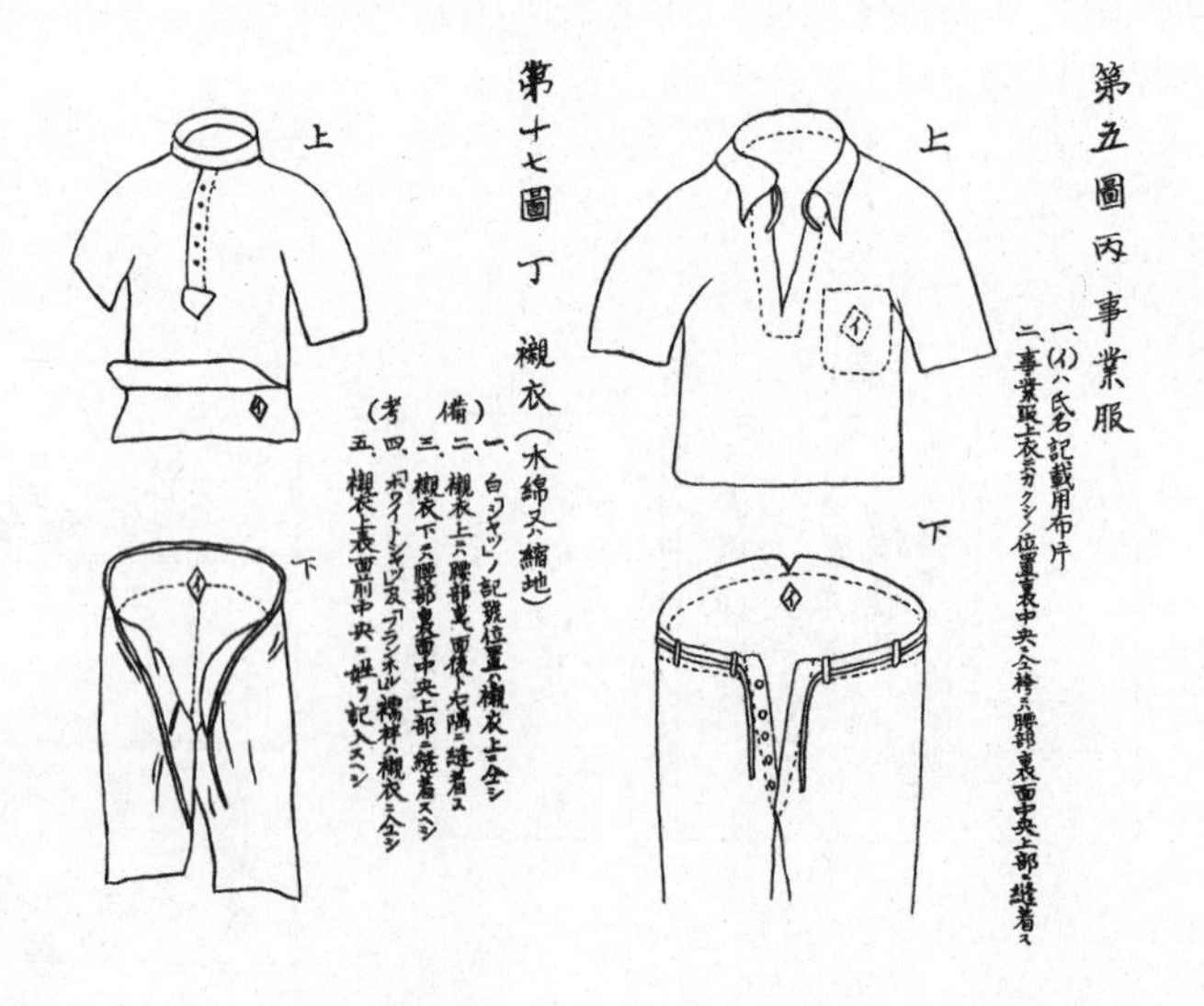

第五圖丙　事業服

一、(イ)ハ氏名記載用布片
二、事業服上衣ニハカクシノ位置裏中央ニ、袴ニハ腰部裏面中央上部ニ縫着ス

第十七圖丁　襯衣（木綿又ハ縮地）

（備考）
一、白「シャツ」ノ記號位置ハ襯衣上ニ仝シ
二、襯衣上ニハ腰部裏面後下左隅ニ縫着ス
三、襯衣下ニハ腰部裏面中央上部ニ縫着スヘシ
四、「ホワイトシャツ」及「フランネル」襦袢ハ襯衣ニ仝シ
五、襯衣上表面前中央ニ姓ヲ記入スヘシ

第五圖甲　氏名記載用布片

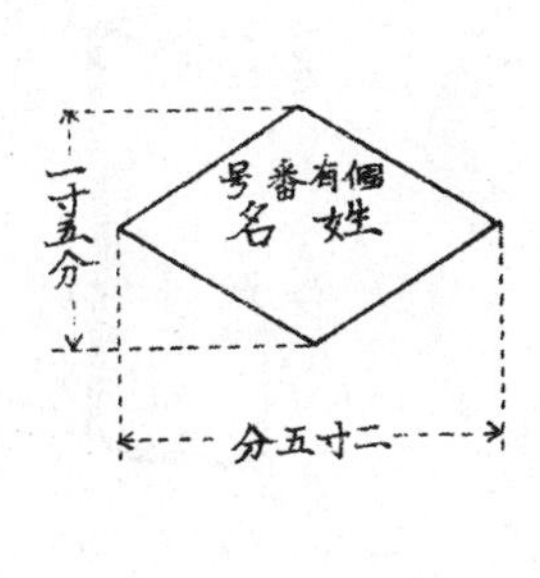

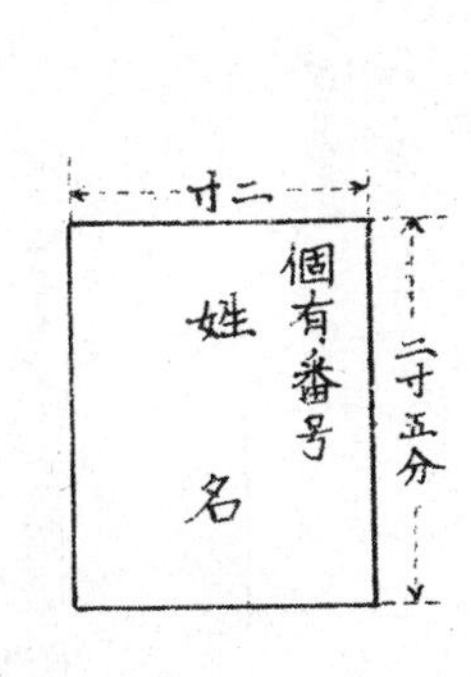

（備考）

一、被服ニハ氏名記載用布片ヲ縫著ス之ヲ圖示ノ如ク姓名ヲ楷書ニテ記入スヘシ
二、各種被服布片附著位置ハ別圖ノ如シ
三、寢衣用ノモノハ外套ニ同シ
四、長方形ノモノハ脚袢及帽覆ノミニ用ヒ其ノ他ノ被服ニハ菱形ヲ用フ

第五圖 乙

通常禮裝 第一種軍裝

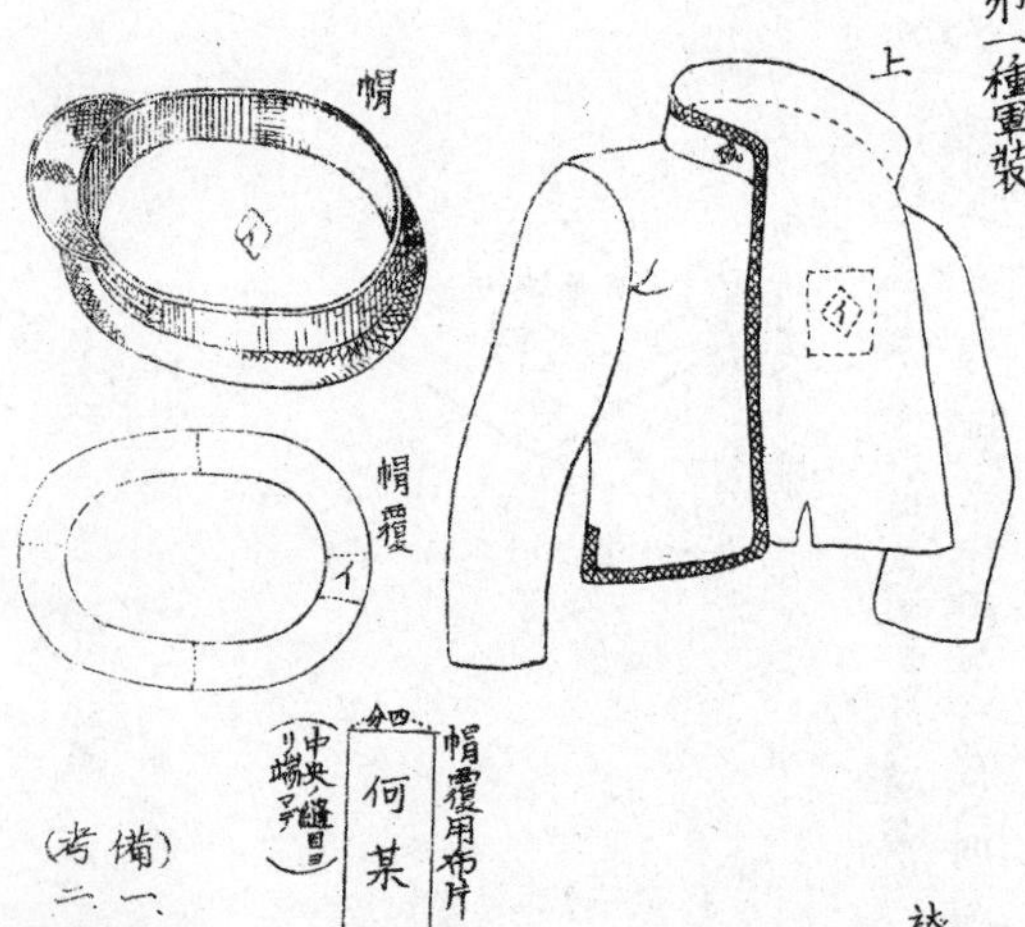

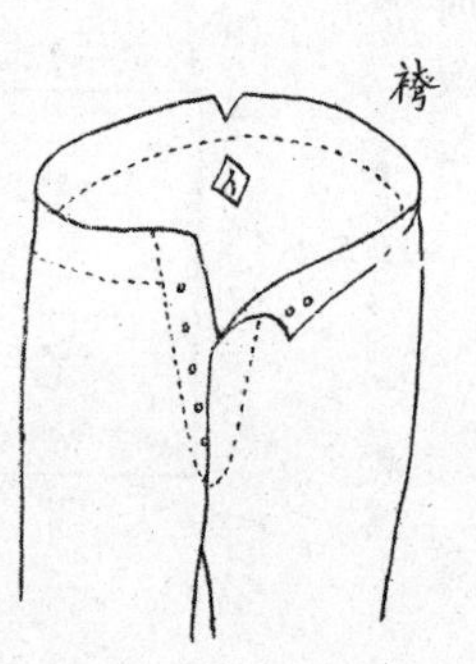

備考

一、(イ)ハ氏名記載用布片

二、帽覆ニハ後部中央裏面ニ縫着ス

第五圖 丁 外套

外套

イ

（備考）

一、(イ)氏名記載用布片

二、外套ニハ裏面中央上部ニ菱形ノ布片ヲ縫著スヘシ

三、寢衣ノモノハ外套ニ同シ

四、脚袢ハ裏面適宜ノ所ニ縫著ス

第五圖戊 劍帶 襟及洗濯嚢

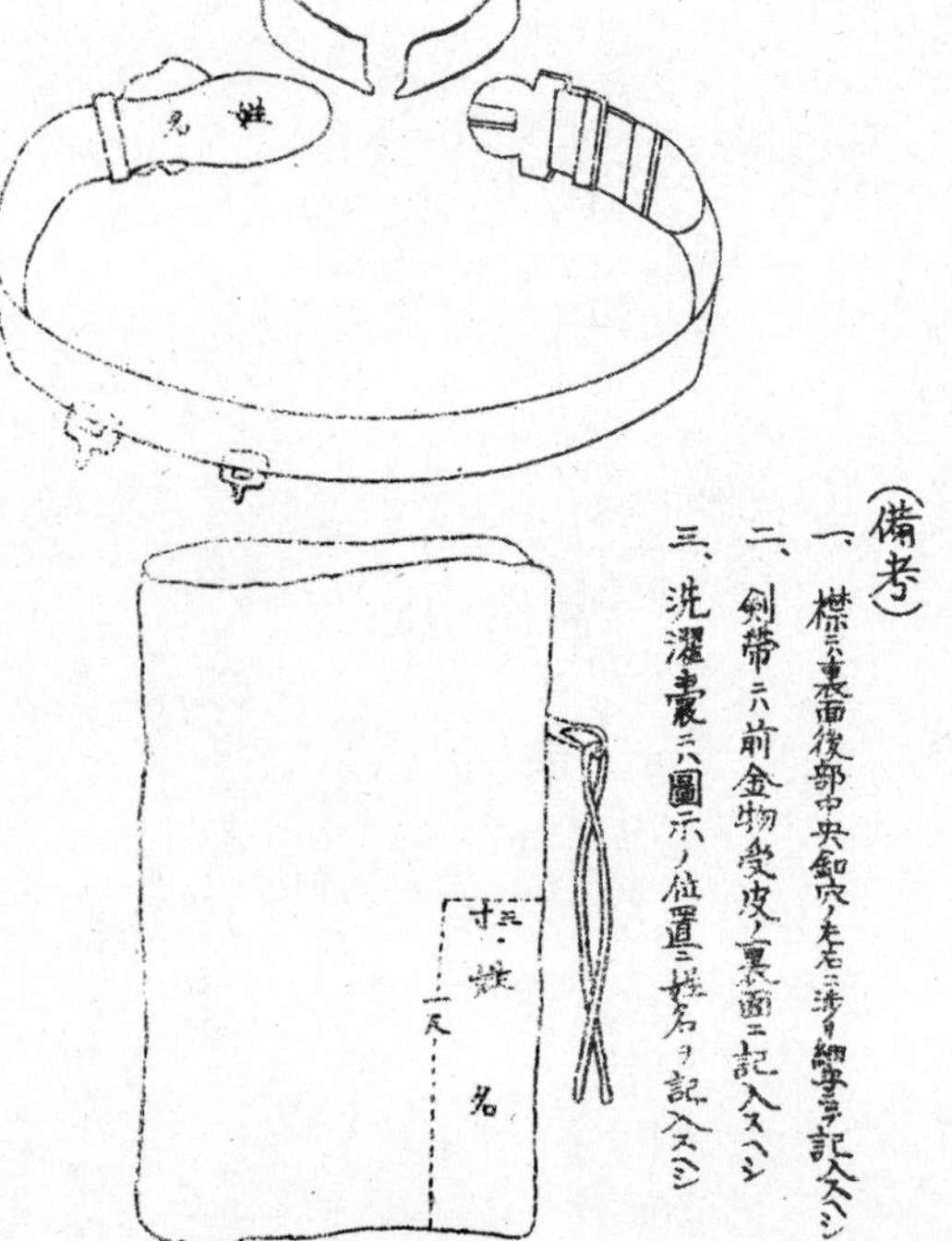

（備考）

一、襟ニハ裏面後部中央釦穴ノ左右ニ渉リ細字ヲ記入スヘシ

二、劍帶ニハ前金物受皮ノ裏面ニ記入スヘシ

三、洗濯嚢ニハ圖示ノ位置ニ姓名ヲ記入スヘシ

第六圖

甲　事業服用學年章附着圖

表

乳

乙　事業服用學年章

備考　附着位置、學年章ノ下線ヲ右乳ノ直上トス

丙

外套結方

三号生徒

二号生徒

一号生徒

（備考）縁ノ着色ハ伍長、赤　伍長補　青　其ノ他黒トス、

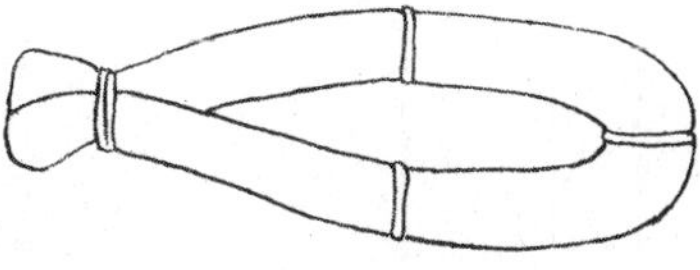

期氏名	號	分隊
生徒 第　期		

NF文庫

復刻版 日本軍教本シリーズ
「海軍兵学校生徒心得」
二〇二四年五月二十一日 第一刷発行
編　者 潮書房光人新社編集部
発行者 赤堀正卓
発行所 株式会社 潮書房光人新社
〒100-8077 東京都千代田区大手町一-七-二
電話／〇三-六二八一-九八九一(代)
印刷・製本 中央精版印刷株式会社
定価はカバーに表示してあります
乱丁・落丁のものはお取りかえ
致します。本文は中性紙を使用

ISBN978-4-7698-3358-1 C0195
http://www.kojinsha.co.jp

NF文庫

刊行のことば

第二次世界大戦の戦火が熄(や)んで五〇年——その間、小社は夥しい数の戦争の記録を渉猟し、発掘し、常に公正なる立場を貫いて書誌とし、大方の絶讃を博して今日に及ぶが、その源は、散華された世代への熱き思い入れであり、同時に、その記録を誌して平和の礎とし、後世に伝えんとするにある。

小社の出版物は、戦記、伝記、文学、エッセイ、写真集、その他、すでに一、〇〇〇点を越え、加えて戦後五〇年になんなんとするを契機として、「光人社NF（ノンフィクション）文庫」を創刊して、読者諸賢の熱烈要望におこたえする次第である。人生のバイブルとして、心弱きときの活性の糧(かて)として、散華の世代からの感動の肉声に、あなたもぜひ、耳を傾けて下さい。